직물염색가공

직물가공연구회 편

학 문 사

목   차

제1장   염색에 관해서

1. 염색에 관해서

아주 먼 옛날 인간은 산지, 평원, 해안 등에서 집단을 이루고 생활하였다. 그래서 더위와 추위로부터 몸을 보호하기 위해 몸에 무엇인가를 걸쳐야 한다는 것을 깨닫게 되었는데 이렇게 각각이 살고 있는 환경 속에서 몸에 두르는 것을 발견해 낸 것은 인간의 지혜였다. 그것의 재료는 식량으로 잡은 동물의 가죽으로 하거나 돌로 두드려서 부드럽게 한 나무의 껍질로 하거나 또는 건조시켜 꿰맨 풀 (草)로 한 것들이었다. 나무 껍질을 돌로 두드려서 부드럽게 하고 그것을 더욱 두드려 아주 작게 쪼개 꼬임을 준 상태를 실 (식물성 섬유)이라 하는데 이것은 직조법에 의해 얼마든지 긴 천 (布)의 상태로 만들 수 있다. 혹은 동물의 털에 꼬임을 주어 뽑은 상태의 실 (동물성 섬유)로 천을 만들기도 한다. 여기에다 동물의 가죽을 벗겨서 그 가죽을 이용하는 방법도 생각할 수 있다. 문명과 과학이 발달한 현대에도 아프리카와 오세아니아의 여러 지역에는 아직도 고대와 같은 생활을 하고 있는 소수의 종족이 있다. 이들의 생활을 살펴보면 마치 인간의 역사를 보는 듯한 기분이 든다.

그러면 아주 먼 옛날 사람들이 색을 사용하는 일에 눈을 뜨고 "물건을 염색한다"는 생각을 하기 시작한 것은 언제부터 였으며 어떻게 해서 "염색한다"는 것을 생각해 냈는지 살펴 보자. 염색한다는 것, 다시 말해 물건에 색을 물들이는 일이 현재의 우리들에게는 퍽이나 친숙해져 있기 때문에 특별하게 느끼는 경우가 드물다. 색은 우리들의 생활에 모두라고 말할 수 있다. "옷 (衣)"에는 물론이고 "식 (食)" "주 (住)"에도 빠뜨릴 수 없는 중대한 역할을 하고 있다. 의류에 있어서 순백 (純白)을, 지구상의 일부 지방에서는 종교적인 목적에서 흰색의 터번과 흰색 의복으로 몸을 감고 있는 종족이다. 다른 목적으로 의료 관계의 일에 종사하는 의사, 간호원, 약제사 등은 모두가 흰옷을 착용하고 있다. 이것은 위생을 나타낼 뿐만 아니라 식품을 취급하는 사람들의 경우처럼 청결감을 나타내기도 한다. 신부 의상의 흰색과 신을 섬기는 신부의 흰옷은 속세에 오염되지 않은 신체임을 증명한다는 것이다. 특수한 경우로 순백의 코우트와 원피스도 있지만 이것은 매우 멋스러운 옷이다. 이밖의 모든 의류에도 색과 무늬가 있다. 식 (食)과 주 (住)에 관해서도 어느것하나 색과 무관한 것은 없다고 해도 과언이 아니다.

옛날 사람들에게 있어서 색은 무엇보다고 종교적 의미를 가지고 사용되었다. 또한 사회적인 요구에 의해서도 사용하게 되었을 것이다. 곧 색에 의해서 어떤 사물을 알기도 하고, 어떤 물건을 표시하는 기능에 사용하기도 했을 것이다. 색에 의해서 무엇인가를 표시하던 예로, 죄인에게 입히던 먹색의 옷이라든가 특별한 사람들의 호적을 빨간 글씨로 기입하는 것을 들 수 있다. 신호기의 적·황·청의 3색, 태권도의 색대 (色帶), 도로의 분리대, 교통 표지판, 전철과 버스의 색 분할 등 그 예는 수없이 많다. 뿐만 아니라 색은 우리들의 생활면에서 거의 무의식적으로 사용되고 있듯이 색이 없는 세계란 상상할 수도 없으며 건조하여 견딜 수 없다고 생각된다.

인간이 점점 어떤 필요에 의해서, 또 영구한 세월 동안 많은 사람의 노력에 의해서 요즈음에는 즐겁고 편리하게 염색할 수 있게 되었다. 과거 어느 시대에서는 염색이 일부 점문가들만의 일이라고 단정했었지만 현재는 무엇인가를 염색해 보고 싶다는 의욕이 있는 사람이면 누구나 염색을 할 수 있어서 염색 인구가 증가하고 있다. 식물을 끓여서 색소만을 유출하여 이것을 염액 (染液)으로 사용했으나 1856 년 퍼어킨에 의해 최초로 합성 염로가 만들어진 이래 새로운 염료가 계속 합성되어 염색도 지금까지와 같이 천연염에만 의지하지 않고 합성 염료에 의해서 행해지게 되어, 오늘날에는 특수한 염색물 이외의 경우에는 거의 합성 염료가 사용되고 있는 상태이다.

제2장 염색의 기초

♣ 색채 효과

♣ 섬유·직물

♣ 색료

1. 색채효과

직물에 있어서 색채효과는 일반적인 색채론과는 근본적으로 다르지만 색의 특징이나 상호 작용 등의 기본적인 문제는 알아 둘 필요가 있다.

사물의 "형태"를 판별하려면 대비되는 색이 필요하다. 하얀 그라운드 안에 하얀 것이 있으면 그 "형태"를 발견할 수 없기 때문이다. 그래서 무엇인가 그라운드와 대비될 수 있는 색을 갖게 되는데 이 대비가 색상, 명도, 채도이며 이것을 색의 3요소 또는 3속성이라고 한다.

색의 3요소

색상─시각적인 감각으로 빨강, 파랑, 검정 등 색의 이름을 나타낸다.

명도─색상의 밝기 정도를 나타낸다. 하양과 노랑의 명도는 높고 빨강은 중간, 검정과 보라는 낮다.

채도─색상의 선명함을 나타낸다. 채도가 너무 낮아지면 무색이나 검정, 회색에 가까운 색상이 된다. 같은 계통의 색상 가운데 그 색의 특색을 최대한으로 나타내는 색은 채도가 최대이고 이것을 색의 순색이라고 한다.

유채색과 무채색

색은 유채색과 무채색으로 나눌 수 있으며 무채색은 하양색, 회색, 검정색의 총칭으로 색상이 없고 명도 단계에 의해 분류된다. 이 3색을 제외한 모든 색을 유채색이라고 한다.

색의 3원색

어떠한 색상도 파랑, 노랑, 빨강을 혼합하는 것에 따라 만들 수 있으며 이 3색을 색의 3원색이라고 한다. 이 가운데 두 가지 색을 같은 양으로 혼합하면 녹색, 귤색, 보라색의 2차색을 얻을 수 있고 3원색을 동시에 혼합하면 그 비율에 따라 어두운 녹색, 파랑색, 보라색, 쥐색, 검정색 등의 3차색을 얻을 수 있다. 이 관계를 나타낸 것이 색상원으로, 그림과 같이 상대되는 위치에 있는 색상 (보색 또는 여색이라고 한다)을 혼합함에 따라 무채색을 얻을 수 있다.

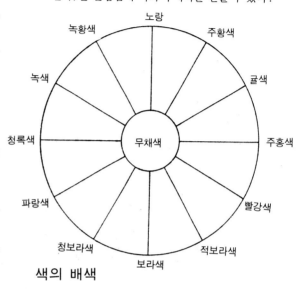

색의 배색

두 가지 이상의 색으로 여러 가지 효과를 내는 것을 배색이라고 하며 배색에는 색상, 명도, 채도의 세 가지 요소를 중심으로 해서 색상 거리, 명도차 등을 여러 가지로 변화시킨 조합을 생각할 수 있다.

일반적으로 강한 효과를 내기 위해서는 색상 거리가 떨어진 것을 배색한다. 보색끼리 배색하면 이것은 자극이 강하고 화려한 것이 된다. 이 경우라도 두 가지 색 모두 채도를 낮게 한다, 명도를 높게 한다, 또는 명도 차를 크게 하는 등의 정도에 따라 비교적 좋은 효과를 얻을 수 있다. 이것과는 반대로 온화한 조화를 이룬 배색은 색상 거리가 가까운 것이 된다.

사진은 이 배색의 예를 실제로 직물에 해서 그 효과를 본 것이다.

작품 ①은 날실, 씨실을 각각 빨강과 노랑색으로 짠 것으로 색상 거리가 떨어져 있으므로 상당히 강한 인상을 주며, 날실은 그대로 하고 씨실에 하양을 넣어 빨강, 노랑과 함께 명도를 높게 하면 작품 ②와 같은 부드러운 느낌의 배색이 된다.

작품 ③은 빨강과 녹색인 보색끼리 배색한 것으로 강한 배색의 예가 되지만 ④는 같은 날실에 갈색 씨실을 넣고 빨강 노랑과 함께 채도를 낮게 한것으로 안정되고 은근한 맛이 있는 배색으로 변화한다.

작품 ⑤는 날실에 색상 거리가 가까운 노랑과 녹색을 고르고 씨실에도 같은 계통의 색을 넣으면 반드시 조화를 이룬 배색이 될 곳에, 반대로 각각의 보색을 넣어 본 것이다. 날실인 녹색에 대해 빨강인 씨실, 노랑의 날실에 대해 보라색 씨실을 넣은 것이다. 이론상으로는 녹색, 파랑색과 보라색이 섞인 부분은 무채색이 되는 곳이 직물에 있어서는 전혀 다른 결과가 되며, 세부적으로 보면 확실히 보색끼리의 모임이지만 생생한 색이 생겨난다. 인접한 노랑과 빨강의 혼합, 녹색과 보라색의 혼합이 색상 거리가 가깝기 때문에 색의 깊이를 더하며 전체 조화를 도와준다.

작품 ⑥은 같은 노랑과 녹색 날실에 각각 색상 거리가 가까운 갈색과 파랑을 넣은 것이지만 앞의 예에 비해 은은하며 온화한 배색의 예가 된다.

그 외에 잠밀도(籤密渡) 또는 집중에 의해 이런 색들도 더불어 변화하는 것을 염두에 둘 필요가 있다. 또 직물의 색채 구성에서 가장 중요한 것은 색과 텍스추어(texture)의 관계와 융합 혼색을 들 수 있다. 실제로 색상을 바꾸지 않고도 텍스추어의 변화로 색의 미묘함을 만들 수 있다. 빛나는 표면은 빛을 반사시키고, 부드러운 파일 모양의 것은 빛을 흡수하여 어두워진다. 표면적인 텍스추어의 변화에 따라 생긴 음영(陰影)은 미묘한 영향을 색에 미치게 하며 단일한 색상을 깊은 맛이 있는 색으로 만든다.

작품 ⑦~⑫는 같은 색상의 같은 실을 사용하여, 기술을 바꾸어 색과 텍스추어의 변화 관계를 본 것이다. 몇 가지 색실로 무늬를 짜 넣은 직물에서는 안정되고 표면적인 색임에도 불구하고, 파일(Pile)직으로 하면 파일 부분의 하이라이트와 음의 대비로 명도가 높게 느껴진다. 노팅의 경우는 잘라낸 실 한 줄 한 줄의 음영에 따라 상당히 깊이 있는 색으로 변한

다.

또 융합 혼색이라고 하는 것은 가까이에서 보면 빨강, 녹색, 파랑 등으로 구분되지만 떨어져서 보면 이런 색들이 융합되어 전혀 다른 색으로 보이는 현상을 말한다. 예를 들면 모래, 산, 초원, 바다 등의 자연계 색을 그것들을 구성하는 수많은 색의 융합 혼색이라고 할 수 있다. 이와 같은 자연계의 색채를 분석하는 것은 직물 색채 구성의 실마리로서 중요한 의미를 갖고 있다.

여러 가지 색으로 염색해 둔 것을 조합하여 만든 실로 짜여진 것과, 이미 짜 놓은 것을 염색한 것에는 각각 차이가 있다. 또 실의 꼬임이 강하면 하이라이트도 강해지며 동시에 음영도 진하고 검정에 가까와진다. 이런 것들의 중간은 중간 명도인 회색이 되며 각각의 실에 그 본래의 색과 회색이 섞여 안정되고 깊이가 있는 색이 생겨 난다. 이와 같이 직물의 색은 그 표면뿐 아니라 천의 안쪽이 갖는 색도 미묘하게 영향을 미치며 또 하이라이트와 음영이 상당히 중요한 역할을 하게 된다. 이런 것을 고려하여 색채 구성을 하지 않으면 안 된다.

원시적으로 직물을 짠 사람들, 서반구의 인디오, 아프리카의 토인들이 색의 훈련을 받지 않고 높은 수준의 것을 탄생시킨 것부터도 색채적 감각은 천성에 힘입은 것이 크겠지만, 현대의 우리들 주위의 수많은 색채에 관계되는 색은, 본디부터 우수하고 훌륭한 자연계의 색, 아름다운 회화 등, 색채를 공부할 것이 많이 있다. 이런 것을 참고로 하면서 경험을 축적해 가는 것이 중요하다. 실 자체를 늘어 놓는 것이 아니라 실제로 실 한 줄 한 줄을 사용해서 여러 각도와 방법으로 짜야 한다. 같은 색의 실이 여러 가지 표정을 갖는 색으로 빛나는 것을 알 수 있게 된다.

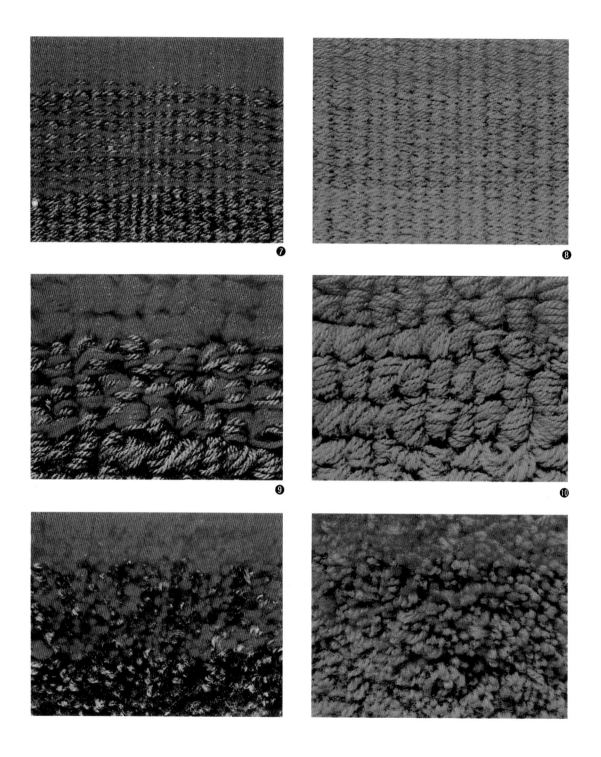

2. 섬유・직물

섬유

목면과 견, 마 등의 천연 섬유는 비교적 염색하기가 쉽고 사용 방법도 실수하지 않으면 직접 염료를 받아 들여 주지만, 오늘날에는 화학 섬유 등이 많이 나와 돌아다니고 있다. 염색하는 천의 성질이라든가 내용을 충분하게 알지 않으면 터무니 없이 완성되므로 자기 스스로 먼저 염색하기 전에 천을 잘 아는 것이 중요하다. 섬유는 가늘고 긴 모양으로 폭이 수㎜ 이하이고 길이는 적어도 폭의 100배 이상의 것을 말한다. 재질은 어떤 것이라도 상관 없다. 이 섬유를 방적・가연 해서 실을 만들고 그 실을 재료로 해서 재직(製織)・편조(編組)등을 하여 천을 만들기도 하며(직물, 메리야스, 레이스등) 혹은 직접 섬유를 축융시키거나 접착시켜 천을 만든다. (펠트, 부직포)

섬유의 분류

섬유는 천연 섬유와 화학 섬유(인조 섬유)로 분류된다.

천연 섬유

천연 섬유란 천연에 존재하는 섬유 상태의 것을 간단하게 기계적 조작 또는 화학 처리를 해서 용이하게 섬유 원료로 사용하는 것을 말한다. 천연 섬유는 그 본질의 동물・식물・광물의 구분에 따라, 또 섬유에서 얻어지는 부분에 따라 분류된다.

화학 섬유(인조 섬유)

화학 섬유는 인공적으로 화학적 수단에 따라 만들어진 섬유를 말한다. 화학 섬유 중에 재생 섬유라는 섬유가 있지만, 이것은 천연 섬유소를 원료로 해서 이것에 화학적 처리를 더해 만들어진 섬유이다. 이 재생 섬유는 천연 섬유를 염색하는 염료로 손쉽게 염색을 할 수 있다.

섬유의 염색성

섬유의 염색성이란 간단하게 말하면 섬유와 염료의 상호성(相互性)이라는 것이다. 목면이나마, 인견 스프(Staple fiber) 같은 셀룰로오즈(전분, 섬유소)에서 되는 섬유는 대체로 같은 모양의 염색성을 나타내고 견이나 양모 등의 단백직에서 되는 섬유는 또한 일정한 염색성을 나타낸다. 합성 섬유는 그 구조에 따라 각각 다른 염색성을 나타내지만, 나일론이나 비닐론의 염색성은 떨어진다. 물에 대한 친화성도 떨어진다.

옷감(천)의 구입에 대해서

이상과 같이 섬유, 직물에는 여러 가지 종류가 있기 때문에 시판되어 있는 옷감을 사도 보통 염색 가능이라고 말하지 않는 것도 있음을 알 수 있다.

옷가게에 들어가서 코를 찌르는 냄새가 나고 눈물이 나올 것 같은 자극을 받은 경험은 없는가. 이것은 옷감의 마무리로 사용한 약품의 악취이다. 마을의 포목점에서 시판되고 있는 최근의 옷감에는 옷감의 표면이 가공된 것도 있어서 이렇게 가공되어 있는 천은 충분히 염료를 흡수하기도 하고 전체에 염색을 할 수 있기도 하다. 그래서 염색 재료 가게에서 구입하는 방법에는 실패가 없으나 주위에 재료점이 없는 경우는 포목점에서 점원에게 잘 물어 보는 것이 필요하다. 수지 가공을 하는 약품도 있는데, 될 수 있는 대로 가공을 하지 않는 천을 찾는 것이 좋다. 천을 물에 적셔서 흡수가 빠른 것은 수지 가공하지 않은 것이라고 생각하는 것이 좋다. 다만, 수지 가공을 하지 않은 것도 공정 중 다시 마무리 때 풀을 사용하는 것이 대부분이다. 풀염색은 불순물을 제거한 정련을 행할 필요가 있다. 또 목면 등에 실켓(silket)가공을 하고 표백해서 하얀 것도 황색미가 있는 천이 있다. 마지막 표백시의 천은 거의 표면 가공을 하지는 않지만 불순물을 제거・정련할 필요가 있다. 마을 포목점 외의 수예점에도 여러 가지 천이 있다. 또한 공장에 가서 여러 가지 종류의 천을 보고 고르는 것도 좋은 소재 선택의 공부가 된다.

우선 손쉽고 적정 가격의 여러 가지의 직물을 염색하고 공부해 나가면서 마와 견, 울 등의 소재에도 도전하여 용도, 디자인에 따라 소재 선택을 할 수 있도록 되면 한층 더 염물(染物)이 즐겁게 된다고 생각할 것이다.

3. 색료

색료 분류

소재 (색소 재료)가 준비되면 염색을 할 수 있지만, 여기에서 어떤 염료를 이용해야 좋을지가 문제가 된다. 염료의 종류는 대단히 많으며, 섬유에 따라 염색이 되는 것과 되지 않는 것이 있다. 색료에는 염료와 안료가 있다.

염료

물에 용해되기도 하고 분산되기도 하여 섬유에 염착하는 성질을 가지고 있는 것으로, 물에 녹지 않는 염료는 화학적으로 변화시켜 물에 녹도록 하여 섬유에 염착시킨다. 이와 같이 물에 녹인 상태로 사용하게 되므로 염색하는 천은 물을 잘 흡수하는 천연 섬유가 염색하기 쉽고 물의 흡습성이 나쁜 화학 섬유는 염색하기가 어렵다.

안료

일반적으로 물, 기름 등에 용해되지 않고, 그대로는 섬유를 염색 하는 것이 불가능하며 단백질이나 수질 등의 교착제로 섬유에 고착시킨다. 이것은 천연 섬유에도 화학 섬유에도 사용한다.

염료는 천연 염료와 화학 염료 (인조 염료)로 크게 나누고 안료도 천연과 합성으로 구별된다.

천연 염료

천연 염료는 자연계에서 채집한 식물, 동물, 광물에 의한 염료이고, 천연 섬유를 염색할 때 사용된다.

식물 염료

나무의 껍질, 뿌리, 꽃, 과실 등을 건조시켜 이것을 쪄서 여기에 함유되어 있는 색소를 명반, 회즙, 그 기타의 약품의 매염제 (색소와 섬유의 사이에서 매체가 되어 염착이 잘 되게 하는 약제)의 도움을 빌어 염착 시키는 것이지만, 그 매염제에 따라 색상이 여러 가지로 변화한다. 일반적으로 주석, 명반을 매염제로 사용하면 선명하게 빨강과 노랑이, 다음으로 석회색, 철, 중크롬산, 구리 등에서는 어두운 색으로 염색된다.

동물 염료

동물의 몸에서 채취되는 색소로 종류는 많지 않다.

〈적색〉

멕시코나 그 외에서 자생하는 사보텐 과 (科)의 식물에 기생하는 조가비 벌레를 염료로 사용한 것이고 건조시킨 벌레를 끓여서 염즙을 내어 염색한다. 매염으로는 명반, 수산을 사용한다.

〈자색 — 보라색〉

지중해안 근처에서 채집되는 조개의 일종인 고동에서 분비되는 색소로, 조금 밖에 함유하지 않기 때문에 옛날부터 귀중한 것으로 되어 있다.

광물 염료

이 염료의 많은 부분이 도료나 회화 용구 등에 이용된다. 염료로 해서 사용되는 것에는 광물 조개, 타

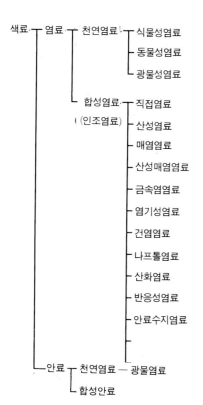

```
색료┬염료┬천연염료┬식물성염료
    │    │        ├동물성염료
    │    │        └광물성염료
    │    │
    │    └합성염료┬직접염료
    │    (인조염료)├산성염료
    │              ├매염염료
    │              ├산성매염염료
    │              ├금속염료
    │              ├염기성염료
    │              ├건염염료
    │              ├나프톨염료
    │              ├산화염료
    │              ├반응성염료
    │              └안료수지염료
    │
    └안료┬천연염료 — 광물염료
          └합성안료
```

닌 (Tannin) 철 등이 있다. 일광, 마찰, 알칼리에
는 강하지만 산에는 약한 염료이다.

합성 염료

1856년 영국의 화학자 퍼킨이   코루타르를 원료
로 하는 아니린에서 키니네 (말라리아 예방약)을 합
성해 내는 연구 중에, 자색의 모티브를 우연하게 발
견해 내고 그 후 계속해서 염료를 합성해 냈다.
　이것은 주로 수공예 염색에 이용되고 있다.
직접 염료 (Direct Dyes)
면, 마, 견, 레이온에 직접 염착하는 수용성의 분
말 염료이다. 물이나 탕에 간단하게 용해된다. 콜로
이드 상태가 되는 것도 있지만 소량의 알칼리 (탄산
소다 등)를 첨가하면 용해가 쉽게 된다. 일광이나 세
탁에는 그다지 강하지 않다. (딱딱한 염료는 비교적
일광에 강한 것도 있다)
산성 염료 (Acid Dyes)
견, 모, 나일론에 직접 염착하는 수용성의 분말 염
료이다. 식물성 섬유에는 염색되지 않는다. 직접 염
료보다 색상은 대단히 선명하다. 일광에는 강하지만
세탁 긴요도는 떨어진다. (일광 세탁에 강한 금속 염
료는 최근 시판되고 있다)
건염 염료 (Vat Dyes)
물과 알칼리에 녹으며 알칼리제와 환원제를 더한
알칼리 환원액 중에 천을 담가서 염료를 흡습시켜,
다시 꺼내서 충분한 공기에 놓으면 염료는 공기 중
의 산소에 의해 산화 발색하고 염색된다. 수세, 세
탁, 일광, 마찰에 의해 한 번 든 물은 빠지지 않는
다.
천연 염료인 남 (藍)도 이 종류의 염료이고 침염에
의해 염색을 한다. 건염 염료에는 이 남 (藍)에 대한
합성 염료인 인디고 비아 (indigo남색 물감)라는 슬
레이트 (slate) 석반 염료가 많이 사용된다. 슬레이
트 염료는 합성 염료 중 긴요도 최고이고 목면의
침염에 적용하고 있다. 최근 수공예용으로는 다루기
쉽도록 물에 녹지 않는 색소를 알칼리 용액에 분산
시킨 액체 상태로 만들어서 시판하고 있는 것도 있
다.

나프톨 염료 (Naphthol Dyes)
면・마를 염색하는 것에 사용한다. 하청제라고 불
리워지는 나프톨 AS류와 현색제 (상청제)라 불리는
컬러, 솔트를 섬유상에 반응시켜 발색시키고 불용성
의 색소를 만들어 염색한다. 하청제 현색제 둘 다 약
20종류가 있는데 그 각각이 결합되어 많은 색상을
만들 수 있다. 공정은 하청, 현색, 열처리 등이 있
는데 일광에 따라 발색이 나쁘게 되므로 염료도 냉
암소에 보관하고 색상의 작업도 직사 일광을 피할 필
요가 있다. 물 세탁에 대해서는 매우 강한 성질이 있
다. 일광에 대해서는 하청제와 현색제의 결합의 강
약에 의해서 나타난다. 또한 열처리의 좋고 나쁨에
대한 마찰 긴요도에도 차이가 있다.

반응성 염료 (Reactive Dyes)
1950년 영국의 ICI사에 의해 발명된 여기까지의
염료와는 전혀 형태가 다른 염료이다. 물에 녹으며 알
칼리에 의하여 면・마 등 식물성 섬유와 화학적으로
반응해서 염색되는 염료이다. 견이나 모도 알칼리의
양을 줄여서 쓰면 염색할 수 있다. 선명한 색상이고
일광 세탁에도 견뢰성이 있다. 수공예용으로 사용하
기 쉬운 것이 나오고 있다.

안료

물, 기름에는 불용성이고 단백질이나 수질에 따른
섬유에는 염색되지 않으며, 딱 달라붙는 것이기 때
문에 어떤 섬유에도 사용한다. 또한 염색할 때의 색
과 염색된 색이 거의 똑같기 때문에 염색의 조작은
간단하다.
염료와 다른 점은 색소 입자가 크고 불투명한 색
조라는 것이다. 일광에 강하고 염료에는 없는 색이
많은 것이 특징이다.
천연 안료
황토, 흑색 등이고, 두즙 (豆汁)에 의해 고착된
다.
합성 안료
합성 수지제와 안료를 혼합해서 합성수지 고착 안
료를 시판하고 있다.

안료 수지 염료

피구멘도르지 컬러라고 불리고 있다. 불수용성이고 긴요도의 높은 유기에다 무기 안료를 합성 수지와 물과를 혼합한 것 중에 섞어 준다.

염색에 필요한 용구

염색에는 염료나 약품을 사용하기 때문에 전용 용구가 필요하다. 특히 천연 염료로 염색하는 경우는 홀로오제 (製) 용기가 가장 적당하다. 홀로오는 표면이 유리이므로 난폭하게 다루면 곧 홈이 생겨 안의 철이 나온다. 천연 염료의 경우 철로 매염되면 색이 탁하므로 안쪽의 싱처는 세메디인 (ccmedine)을 두껍게 발라 보수한다.

용구의 설명

①홀로오 탱크 : 실의 염색, 매염 등에 많이 사용하기 때문에 20 *l* , 10 *l* , 5 *l* 짜리 정도가 있으면 편리하다.

②홀로오 보울 (bowl) : 염료, 약품 등을 녹이거나 소량의 실 염색에도 사용할 수 있다.

③1 *l* 짜리 홀로오 비이커 (beaker) : 안쪽에 눈금이 있어 액의 양을 잰다. 또한 염료를 끓일 때에도 사용한다.

④고무장갑 : 온수나 약품을 다룰 때에 사용한다.

⑤대나무 막대기 : 염화비닐로 싸인 막대기, 얼룩이 없이 염색되도록 막대기에 실을 걸어 감으면서 염색한다.

염색을 하려면 염료, 약품 등을 정확하게 재지 않으면 희망하는 색은 얻을 수 없다. 바르게 재는 데에 필요한 기구를 설명한다.

①앉은뱅이 저울 : 실 등 무게가 있는 물건을 잰다. 2㎏이나 4㎏의 물건이 좋다.

②접시 저울 ③분동 ④약 포장지:고체 형태의 염료 약품을 잴 때에 사용한다. (200 g 까지 계량할 수 있다)

저울은 수평한 위치에 두고 지침이 중심에서 정지하도록 조전하여 양쪽 접시에 약 포장지를 얹는다. 왼쪽에 분동을 놓고 오른쪽 접시에 약품이나 염료를 가만히 얹어 가며, 지침이 중심에 올 때까지 더해 간다. 사용하지 않을 때에는 지침이 흔들리지 않도록 한쪽 접시를 떼어 겹쳐 놓는다.

⑤메스실린더 (Mess—Zylinder) : 액체를 잰다. 10 ㏄와 100 ㏄를 준비한다.

실린더는 수평한 장소에 놓고 눈금과 눈의 위치를 맞추어 가만히 약품을 넣는다.

⑥홀로오 비이커 : 앞의 기술 참조

⑦온도계 : 액체의 온도를 잰다. 100℃까지가 좋다

⑧약품 수저 : 염료, 약품 등을 용기에서 퍼낼 때에 사용한다.

염색용구

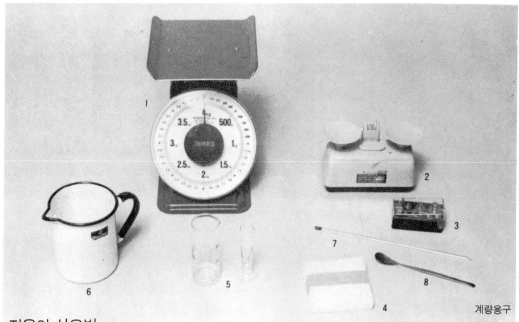

계량용구

저울의 사용법

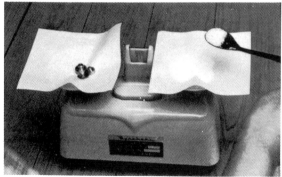

약품을 잰다 (지침이 중심에 오도록)

저울을 사용하지 않을 때

메스실린더의 사용법

제3장 염색 방법

♣ 염색 기법

♣ 염색법·종류

1. 염색 기법

「염색한다」라는 것은 식물성, 동물성, 합성 등 모든 섬유에 염색으로 색을 입히는 것을 말한다. 염료에는 천연 염료와 합성 염료가 있지만 19세기에 합성 염료가 발명되어 보급될 때까지는 세계 각국 모두 천연 염료를 썼다.

천연 염료는 그 채취원에 따라 식물 염료, 동물 염료, 광물 염료로 나눌 수 있다. 대체로 천연 염료의 주체는 식물 염료이며 동물 염료나 광물 염료의 이용은 많지 않다.

인조 염료의 역사는 19세기 중엽에 영국의 윌리엄 헨리 퍼어킨이 해열제인 키니네를 만드는 과정에서 우연히 바이올렛 염료를 발견한 것으로부터 시작된다. 그 후 각국에서 차례로 합성 염료가 발견되었다.

염료에는 물에 녹기 쉬운 것도 있지만 녹기 어려운 염료도 많다. 염료의 종류에 따라 섬유와의 적성이 다르기 때문에 염색법은 당연히 다르다. 염색 방법을 크게 나누면 다음의 다섯 종류가 있다.

직접 염법

직접 염료, 염기성 염료, 산성 염료 등은 수용성이기 때문에 간단하게 염액을 얻을 수 있다. 이 염료에 섬유를 담그고 액의 온도를 높이면 염료는 섬유에 물든다.

직접 염료는 가정(家庭) 염료로서 친숙함이 있으며 면, 마, 모, 견 등을 물들인다. 그러나 합성 섬유에는 염착하지 않는다.

염기성 염료도 수용성 염료로서 견, 모 등 동물성 섬유에 직접 염착하고 색상도 선명하지만 식물성 섬유인 면이나 마를 염색하려면 매염제를 사용한다.

산성 염료도 수용성이므로 양모나 나일론 염료에 이용한다. 양모의 경우는 매염을 행한다.

식물 염료로는 쿠티나시나 우콘 등이 염액을 가온(加溫)하는 것으로, 직접 물든다.

매염(媒染) 염법

매염이라는 말은 독어의 바이첸에 한자를 달고,

염색에서 매개를 한다는 의미를 갖는 것으로, 이 말이 사용되게 된 것은 유럽의 염색법이 들어온 19세기 후반 이후부터이다. 매염이란 염료가 잘 염착되도록 하는 것으로 섬유에 염료가 염색되기 어려울 때에 매염제를 사용해서 염료를 흡수·고착시키는 것이다. 예를 들면 직접 염법으로 염색하는 산성 염료라도 양모를 염색할 때는 크롬 매염을, 또 염기성 염료로 목면을 염색할 때는 탄닌 등으로 매염하면 효과적이다.

많은 식물 염료는 매염하지 않으면 염착하기 어렵지만 매염제를 사용함에 의해 섬유에 물이 잘 든다. 게다가 매염을 효과적으로 행하면 모자라는 식물 염료의 색 종류를 넓혀 갈 수 있다.

환원 염법

물에 녹지 않는 염료를 환원하고 알칼리에 용해된 액 안에 섬유를 담그어 흡수시키고 나서 산화시킴에 따라 섬유 위에서 불용성 염료로 돌아간다. 이런 환원 조작을 「짓는다」라고 하며 배트 염료, 황화 염료는 이 염법에 의한다. 배트란 건염의 뜻이며 전에는 건염 염법이라고 했다.

발색 염법

불용성 염료에는 환원하면 색소가 분해되고 후에 공기 산화해도 원래대로 돌아가지 않는 것이 있다. 그렇기 때문에 색소가 되기 전의 물질을 섬유에 깊이 스며들게 하여 섬유 안에서 색소를 합성시킨다. 이와 같이 해서 염색한 것은 물에 용해되지 않으므로 탈색, 퇴색하기 어렵다.

분산 염법

합성 섬유는 소수성이므로 물에 녹는 염료로는 염색하기 어렵다. 그래서 물에는 용해되기 어렵지만 알콜이나 에스테르에 용해되기 쉬운 합성 염료를 물 안에 분산시켜 데우면 나일론, 비닐론 등의 합성 섬유에 흡수되므로 염색할 수 있다.

2. 염색법·종류

염색에는 실이나 천을 한 가지 색으로 물들이는 무지염과 천에 무늬를 나타내는 무늬염이라는 것이 있다. 무지염에는 주로 염료나 조제를 푼 염액 속에 실이나 천을 담가서 물들이는 침염법이 쓰이고, 천의 경우에는 천을 팽팽하게 펴서 솔에 염액을 묻혀서 천의 가장자리에서부터 칠하듯 물들이는 솔로 쓰는 염색의 방법이 잘 쓰인다. 모양염에는 직접 천에 무늬를 염색하는 〈직접법〉과, 무늬가 되는 부분을 풀이나 납으로 물들지 않게 해서 침염이나 솔 사용 염색으로 바탕색을 염색해서 무늬를 나타내는 〈방염법〉의 두 가지가 있다.

직접법

(손으로 그리는 염색)

직접 천에 붓이나 작은 솔에 염액을 묻혀서 그림을 그리는 것처럼 무늬를 나타내는 방법으로 인도 사라사(更紗)의 일종인 손으로 그린 사라사 등이 이 수법에 의한 것이다.

(판염)

나무, 야채, 고무 등에 무늬를 조각해서 판으로 삼아 거기에 염액을 발라서 천에 날인하는 방법이다.

(형지와 솔을 쓰는 염색)

무늬를 조각한 형지를 천에 올려 놓고 염액을 묻힌 솔로 칠하듯이 염색하는 방법이다. 이 방법의 경우 한 가지 색에 대해 한 가지 형의 형지가 필요하게 되어 있다.

(형지 날염)

재양판(세탁물이나 뜬 종이를 펴 붙여서 말리는 판자)이라는 평평한 판자에 천을 펴 놓고, 그 위에 솔을 쓰는 염색과 동일한 색상별로 형지를 놓고 염료와 풀을 섞어서 만든 색풀을 그 위부터 주걱으로 발라 무늬를 낸다. 증기로 찐 후 천에 염료를 착색시키고, 풀을 씻어내는 수법이다.

(스크린 날염)

〈실크 스크린〉이라고 불리워지는 수법으로 금속틀이나 나무틀에 견이나 테트론인 얇은 천(견직물의 일종)을 펴서 이 얇은 천을 끼워 색이 다른 판을 만든다. 그리고 재양판에 폈던 천에 색풀을 사용하여 주걱으로 염색하는 수법과, 대략 증기로 쪄서 착색하지만 약품으로 처리하는 경우도 있다.

(기계 날염)

무늬를 색별로 凹형으로 조각한 동 로라를 동력으로 조작해서 날인하는 수법. 색풀을 이용하고 열처리를 해서 물로 씻어 낸다. 이것은 대량 생산 방식이다.

방염법

(홀치기 염색)

무늬를 나타내는 천의 부분을 실로 잡아 매기도 하고, 홀치기를 해서 방염을 한 곳에 바탕염색을 한 후에 실을 제거하고 무늬를 나타내는 수법이다.

(판자 염색)

천을 접어서 개킨 것을 2장의 동일한 판으로 양쪽에서 단단히 매어서 방염한 다음에 염색하는 수법이다.

(납염)

고형인 납을 녹여서 그것을 붓에 묻혀 무늬를 그리기도 하고 판에 묻혀서 천을 방염하여 염색한 후 납을 제거함으로써 무늬가 나타나는 방법. 인도네시아의 바떼인구 등의 수법이다.

(호염 풀염색)

찹쌀가루와 쌀겨를 섞어서 만든 방염풀을 이용하는 수법으로 형지 위에 이 방염풀을 바르는 〈형지 염색〉과 주머니에 풀을 넣고 짜내어 무늬를 그리는 〈짜내기 염색〉도 있다.

판자 염색은 현재 거의 사용하고 있지 않지만, 2장의 판에 대칭적인 무늬를 조각해서 그 사이에 천을 접어 넣어서 염색하는 방법도 있다. 또한 각각의 방법에는 다색(多色)을 사용하고 혹은 색마다 무늬를 나타내기 위한 수많은 기법이 있다. 그리고 색풀과 판염의 병용이나, 주염 등의 응용 염색법도 다수가 있다.

① 손으로 그리는 염색

④ 실크 스크린 날염

② 형지 날염

⑤ 형지와 손을 쓰는 염색

③ 판염

⑥ 기계 날염

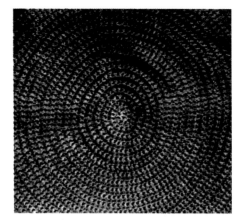

⑦ 홀치기 염색

⑧ 풀염색(무늬그리는 염색)

⑨ 판자 염색

⑩ 풀염색

⑪ 납 염색

⑫ 풀염색(형지염색)

제4장 무지염

♣ 염색 기법

♣ 염색 방법

♣ 인디고퓨어에 의한 염색

♣ 인염 기법

1. 염색 기법

<침염 기법-홀치기 염색의 예>

　홀치기염은 묶는다는 특수한 방염 가공을 한 것을 염색하는 것이므로 날염 방식 (붓이나 쇄모로 천의 표면에 염료를 도포해서 염색하는 방법)으로는 염색할 수 없다. 따라서 염액 안에 담궈서 염색하는 "침염법"에 의해 염색한다.

①천 소재에 따라 염색하기 쉬운 염료를 선택한다. 소재가 견직물인 경우는 산성 염료, 면직물인 경우에는 직접 염료가 많이 사용되며 견, 면직물 모두 색조를 선명하게 염색해 낼 경우에는 염기성 염료를 이용한다. 면직물에 견뢰성이 높은 남염을 하는 경우에는 베트 염료를 사용한다.

②소재에 따라 사용하는 염료 선택을 할 수 있으면 구하려는 색조를 내기 위하여 필요한 색 염료를 조합한다. 이러한 색조에서는 구하려는 색조를 미리 "색 견본장" (보통 홀치기염을 행하고 있는 침염 공장에서 만들고 있다) 안에서 선택해 놓고 이 색조를 내도록 조합해 가는 것이 무난하다. 또한 갈색 바탕에 군데군데 하얀 무늬를 넣은 홀치기 염색 모양이 많은 것은 염색한 상태와 실풀기를 한 상태로는 이미지가 크게 바뀌므로 이 정도 고려해 둘 필요가 있다.

③색조에 따라 사용하는 염료의 조합을 할 수 있으면 그 염료에 맞는 조제 (염료 용해제, 흡습제 등)를 배합하여 원액을 만들고 이것을 액온 60~90도의 온수 염욕조에 넣고 염액을 만든다.

　이 경우 염착하는 정도가 빠른 염료와 늦은 염료가 있으므로 염색 얼룩이 생기지 않을 정도로 빨리 염착하도록 액온의 조정도 행한다. 홀치기는 묶음에 의해 천이 압축된 형태가 되므로 특히 이런 점에서도 조정이 필요하다.

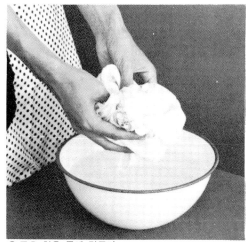

① 묶은 천을 물에 담근다.

② 물에 충분히 적신다.

③ 물을 짜서 천을 염액에 담근다.

④염액 조정이 되면 염색하려고 하는 천과 동질의 헝
겊으로 시염색을 해서 건조시키고 색조를 견본과 비
교하여 적합하지 않을 때에는 그 위에 염료를 조정
해서 구하려는 색조를 만들어 낸다. 보통 상품을 염
색하는 염색 공장에서는 시염색 외에 단번에 지정색
으로 만들어 내는 것이 아니고 엷은 색조에서부터 서
서히 진하게 염색해 가는 순서에 의해 3회 정도 염
욕에 담궈 놓았다가 염색해 간다.

④ 천을 저어 염착이 잘되게 한다.

⑤색조가 적합하면 준비 작업에서 설명한 것처럼 수
분을 함유한 상태로 준비되어 있는 천은 대나무 혹
은 막대기를 이용해서 섞거나 또는 손으로 끌어당겨
서 전면에 염료가 염착할 수 있도록 한다. 염욕 안
에 넣어 두는 시간은 천의 종류, 염료의 종류, 묶은
상태에 따라 일정하지는 않지만 한번에 염색해 내는
경우에는 대체로 15~20분 정도이다. 염착이 비교
적 빠른 염료는 저온에서, 늦은 염료의 경우는 고온
을 이용한다.

⑤ 염색한 천을 물에 옮겨 수세한다.

⑥염색이 끝나면 염액 안에서 천을 끌어올려 수세용
욕조에 넣고 수세를 한다. 수세는 염색 도중에 천에
염착된 염료 가운데에서 나머지 것을 없애기 위한 작
업이므로 충분히 행하지 않으면 안 된다. 수세가 불
충분하면 후에 세탁할 때 색깔이 빠지는 사고를 일
으킬 원인이 되기도 한다. 나머지 염료가 나오지 않
을 때까지 충분히 수세한 후에 이것을 자연 건조시
킨다.

⑥ 수세한 후 짠다.

염색 방법

염색 방법

〈염료의 추출법－달이는 법〉

● 양매피(楊梅皮)달이는 방법 : 필요량의 껍질을 재고 쇠망치로 가늘게 찧어 껍질의 7배되는 뜨거운 물을 끓여서, 끓고 나면 곧바로 피를 넣는다. 불을 약하게 하여 30분 정도 달이고 곧 다른 용기에 천으로 여과시켜 달여낸 즙을 받는다. 이것을 첫번째 달인즙이라고 한다. 그 다음 첫번째 껍질에 5배의 물을 넣고 같은 방법으로 끓인 후 30분 달인 두번째 달인즙을 만든다. 세번째 달인즙까지 받는다. 색소의 함유량은 10 : 6 : 3 정도가 되며 또한 색상도 붉은 기가 감돈다.

곧 첫번째 달인즙은 껍질 1 : 뜨거운 물 7
두번째 달인즙은 껍질 1 : 물 5
세번째 달인즙은 껍질 1 : 물 5

의 비율이다. 첫번째의 뜨거운 물이 많은 까닭은 마른 나무 껍질을 사용하기 때문이다.

3회분의 달인즙을 합쳐 하룻밤 방치하고 사용하기 전에 한 번 더 천으로 여과하여 침전물을 없앤다. 양매피와 같이 산화하기 어려운 것은 염색하기 전날에 달여 두면 침전물이 생기며 색이 탁하지 않아 맑게 염색해 낼 수 있다.

● 다목나무는 산화가 빠르므로 사용 직전에 달이며 첫번째 달인즙만으로 즉시 사용하는 것이 좋다. 나일론 스타킹에 다목나무를 넣어 자루 모양으로 해서 실과 함께 삶아서 물들인다. 곧 추출과 동시에 염색을 행하는 것이다.

● 다년초의 잎, 풀, 열매는 겨우 잠길 정도의 뜨거운 물로 30분 정도 달인다. 산화하기 쉬우므로 달인 후 곧바로 사용하도록 한다.

● 겔랩, 헤마틴, 카테큐 등의 엑스(Extract)류는 사용하기 전에 끓여 녹인다. 카테큐는 재가 많으므로 천으로 여과하고 나서 사용한다.

● 오배자(五倍子)는 가늘게 찧어 양매피와 같이 세번째까지 달이고 곧 염색한다.

● 코티닐은 막자 사발로 갈아 으깨서 사용한다.

매염법

앞에 서술한 것처럼 매염법에는 선매염과 후매염이 있다. 비단 염색의 경우 선매염 쪽이 발색은 좋지만 매염제에는 섬유를 상하게 할 수도 있어 이 경우에는 후매염으로 한다.

◆선매염을 행하는 것

칼리(Kali) 명반 사용량은 진한색 7%~엷은색 2%. 코티닐, 아리자린 Reds는 칼리 명반을 그대로 사용하고, 다른 식물 염료는 염기성 명반액을 사용한다.

크롬(Chrome)명반 사용량은 진한색 7%~엷은색 3%. 초산 크롬 사용량은 진한색 5%~엷은색 0.5%

선매염의 경우 매염제로 끓인 후 4cc/l의 암모니아수에 담그고 금속염을 섬유에 고착시키고 나서 염액으로 염색한다.

◆후매염을 행하는 것

황산 사용량은 진한색 3%~엷은색 0.3%. 홀로오 탱크에 뜨거운 물을 끓여 황산을 넣고 끓인다. 염료로 끓여서 염색하고 탈수시킨 실을 재빠르게 차례로 넣어 20분~30분 정도 끓인다. 실을 넣고 나서 끓으면 실이 흐트러지므로 심하게 끓지 않도록 고온을 유지하게 한다. 탈수 후 10분 뒤에 수세한다.

황산 제일철 사용량은 진한색 2%~엷은색 0.3% 염료로 염색한 후 매염액에 넣거나 염액으로 되돌린다.

선매염

① 비이키로 액의 양을 잰다.

④ 식히고 있는 것.

② 염기성 명반을 첨가한다.

⑤ 암모니아수를 첨가한다.

③ 명반액에 실을 넣는다.

⑥ 암모니아액에 실을 담근다.

⑦ 충분히 물에 빤다.

⑧ 예안

⑨ 예안을 끓인다.

⑩ 끓인 액을 천으로 여과시킨다.

⑪ 탱크에 달린 즙을 첨가해서 액량으로 한다.

⑫ 실을 염색하기 시작한다.

⑬ 담궈서 끓여 염색한다.

33

후매염

① 다년초를 끓여 천으

③ 실을 다년초로 염색하기 시작한다.

② 탱크에 달인 즙을 담는다.

④ 액의 온도가 내려가면 실을 단단히 짠다.

⑤ 나머지 액을 둘로 나눈다.

⑥ 황산 제일철을 녹인다.

⑦ 둘로 나눈 한쪽 액에 철을 첨가한다.

⑧ 견사를 재빠르게 넣는다.

⑨ 단단히 짠다.

⑩ 나머지 액에 실을 담근다.

인디고퓨어에 의한 염색

① 인디고퓨어로 잰다.

② 전용 탱크에 퓨어를 넣는다.

③ 메탄올을 잰다.

④ 메탄올로 퓨어를 녹인다.

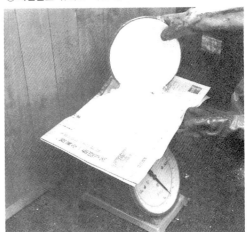

⑤ 소석재를 잰다.

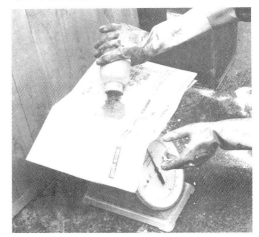

⑥ 아연을 잰다.

⑦ 소석재와 아연을 혼합해서 물로 녹인다.

⑩ 온도 60°C로 환원시킨다.

⑨ 퓨어를 녹인 액에 ⑦을 첨가한다.

⑧ 퓨어에 60°C의 물을 붓는다.

① 아연과 소석재를 넣는다.

③ 저장원액을 첨가한다.

② 잘 섞어 잠시 방치해 둔다.

④

④ ～⑤ 막대기로 잘 섞어 석재와 아연을 침전시킨다.

① 표면의 남꽃(藍花)을 없앤다.

② 적신 실을 막대기에 걸친다.

③ 가만히 실을 담그고 장소를 바꾸면서 염색한다.

④ 재빠르게 단단히 짠다.

⑤ ～⑥ 상하로 내리쳐서 산화시킨다.

⑦ 충분히 산화시키고 나서 남액에 넣는다.

⑧ 희망하는 색이 될 때까지 염색한다.

⑨ 물에 빤다.

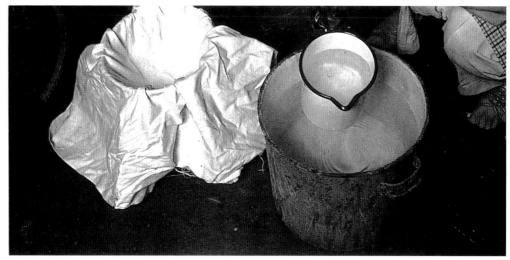

⑩ 맑은 석재액을 천으로 여과시킨다.

⑪ 석재수에 넣고 색 고정을 한다.

① 남색으로 엷게 염색한 실

② 필요량의 크롬 명반을 잰다.

③ 끓여서 녹인 크롬 명반을 탱크에 넣는다.

④ 크롬 명반으로
   선매염을 한다.

⑤ 겔랩을 끓여 녹여
   탱크에 넣는다.

⑥ 40℃ 정도에서 선매염한 실을 넣어 염색한다.

⑦ 충분히 물에 빤다.

2. 인염 기법

<나프톨 염료에 의한 인염>

나프톨 염료는 보통 하지제라고 하는 나프톨 AS 류와 현색제 또는 하지제에 대해 상지제하고 하는 컬러 솔트 염료가 천의 표면에서 결합되었을 때 섬유 위에 물에 녹기 어려운 색소가 비로소 만들어져 발색한다는 것이다.

보통 우리가 염료라든가 염분이라고 하는 직접 염료는 염료 자체가 색소를 갖고 있으므로 미온수나 냉수에 색소가 용해되면 즉각 그 자체의 색을 알 수 있다. 결국 1로 작업하는 것이지만 나프톨의 경우는 하지(下漬)가 1(무색 또는 노랑, 갈색), 현색(顯色)이 2(무색이나 갈색)와 파랑과 빨강으로 염색할 때의 하지, 상지(上漬)에도 그 자체의 색은 없지만 천 위에서 1과 2가 결합했을 때 비로소 발색한다는 염료이다.

나프톨 염료로 염색한 천은 세탁, 마찰, 일광시 퇴색 등에 대해 견고하다. 나프톨 염료인 하지제를 용해시키기 위해서는 상당량의 알칼리제를 사용하기 때문에 염색된 천은 목면, 마, 인견 등의 식물성 섬유가 주이지만 견이나 모에도 일부 나프톨은 사용할 수 있다. 나프톨 염료는 기타 화학 염료보다 용해시키기에 번거롭지만 사용에 익숙해지면 꽤 좋은 염료이다.

나프톨 염료를 사용할 때 다음과 같은 큰 공정이 세 가지 있다.

①하지제 용해와 그 인염.

나프톨 AS를 잰다.

②현색제 용해와 그 발색 공정.

필요량의 로우트유를 첨가한다.

③끝처리와 마무리

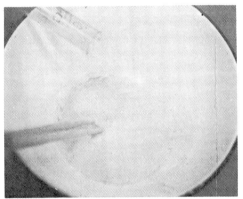

가성 소다를 첨가하면 색이 변한다.

인염 방법

나프톨 염료는 빛의 영향을 대단히 받기 쉽고 빛이 들면 발색이 불량해지므로 일광, 전기 등의 빛을 가능한 한 피하고 인염을 행하는 장소는 되도록이면 어두운 곳을 선택한다. 그러나 어두운 곳에서 손으로 더듬으면서 할 수도 없으므로 되도록 어두운 곳이라고 했다.

실내에 풀을 해서 건조시킨 천을 넣어 놓으면 염료가 떨어지므로 천의 아래가 되는 부분에는 신문지나 비닐 등을 깔고 디러움을 믹는 것도 생각해야 한다. 나프톨 염료는 앞에서도 서술한 것처럼 하지, 현색액 모두 한 번밖에 인염할 수 없으므로 하지를 얼룩지게 하면 현색액을 아무리 정성스럽게 해도 얼룩은 마지막까지 남는다. 그러므로 쇄모 폭(한 번 바른 쇄모 폭)은 가능한 한 짧게 하고 재빠르게 일을 하도록 한다.

물에 갠다. 약제는 분말상태가 될때까지 볶는다.

부족한 물을 첨가해서 총액량으로 한다.

필요량의 뜨거운 물을 넣고 용해시킨다. 투명해지면 염료의 용해는 완료

1 ℓ 이상 필요한 경우는 그릇에 옮겨 총액량까지 물을 첨가한다.

1 ℓ 의 컵에 넣고 액량을 잰다.

마지막으로 포르말린(Formalin)을 넣는다.

①실내에 천을 널고 아래에 염료가 떨어져도 더러움을 방지하도록 미리 신문지를 깐다.

②용해된 염료는 쇄모가 충분히 들어갈 크기의 그릇에 옮긴다.

③염료를 충분히 쇄모에 묻히면 그릇에서 가볍게 떨군다. 밀대에 건 천을 향해 우측 상단에서 약 30cm 폭 정도의 쇄모폭을 갖고 좌우로 쇄모를 움직이면서 한번에 아래로 내린다. 염료가 도중에서 끊기면 앞과 같은 요령으로 쇄모에 염료를 묻힌다. 인염이 한 줄 끝나면 좌로 이동해서 두줄째로 들어간다.

④이렇게 천의 우에서 좌로 이동하며 인염을 하는 것이다. 이것은 천을 누르는 왼손이 늘 천이 말라 있는 곳을 누를 수 있기 때문이다. 반대로 좌에서 우로 인염을 하면 오른손에 쇄모를 쥐고 일을 하는 사람은 항상 인염이 끝난 곳을 왼손으로 누르게 된다. 겉에서 보아 아무런 변화도 없는 것처럼 보이지만 천 안에 손가락 자국이 남아 천끝은 얼룩이 지고 엷은 천의 경우는 얼룩이 겉으로 번지므로 주의한다.

　천의 우에서 좌로 이동하는 이유는 알지만 우측 상단에서 아래로 쇄모를 진전시키는 것은 왜일까? 이것도 이유가 있다. 만약 손 앞에서 염료를 발라 가면 천폭이 넓어지기 때문에 자신의 배나 가슴에서 접은 염료 부분이 긁히기 때문이다. 이것을 피하기 위해서 멀리부터 가까이로 인염해 오는 것이다. 번거로운 일이지만 체험으로 익혀 둔다.

필요량의 물을 첨가하면서 각반, 용해시킨다.

용해된 현색액과 쇄모

현색액을 인염하면 곧바로 발색이 시작된다.

현색제를 재서 그릇에 넣는다.

그릇에 물을 받는다.

⑤인염이 전부 끝나면 천이 평평해지도록 밀대를 조절해서 건조시킨다. 선풍기를 사용하는 것도 건조시간 단축에 도움이 된다. 단 AS—G, AS—L₄G AS—LB는 무색에 가까우므로 칠하지 않은 곳이 없도록 주의한다. 전체가 건조되면 현색제 (상지제)를 용해시킨다.

현색 공정

①하지를 바를 때 같은 요령으로 현색액을 쇄모에 묻혀 그릇 뒤에서 가볍게 떨구고 천의 우측 상단부터 바르기 시작한다. 현색액 (상지액)은 하지가 발라져 있는 천에 쇄모가 닿으면 동시에 발색하므로 히지제를 바를 때보다 민첩하게 일을 해야 한다. 쇄모에 염료를 너무 묻혀서 천 위에 떨어뜨리거나 천 위를 염료가 흐르지 않도록 주의하는 것이 중요하다.

②전체에 현색액을 전부 바르면 천이 평평해지도록 밀대를 조절해서 10~15분간 그대로 기다린다. 섬유 안까지 현색액이 침투해서 완전히 발색할 시간을 기다리는 것이다. 건조시킬 필요는 없다.

끝손질 마무리

끝손질에서 두 가지 일이 있다. 하나는 본뜨기풀을 떨어뜨리는 것, 다른 하나는 소오핑이라고 해서 천을 비누액으로 끓이는 일이다. 소오핑의 역할은 여분의 염료를 떨어뜨리고 색상을 선명하게 하며 세탁, 일광시 퇴색, 마찰 등에 대해서의 견고함을 높이기 위한 일이다. 발색시의 색보다 놀랄 만큼 변화하는 것도 있다.

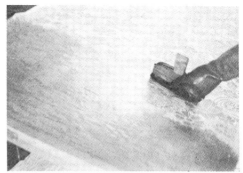

우측에서 좌측으로 인염한다. 왼손은 항상 천이 마른 곳을 쥔다.

좌측에서 우측으로 인염하면 젖은 곳을 왼손은 항상 쥐게 되므로 쥔 손가락 자국이 얼룩이 된다.

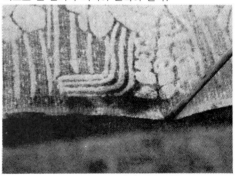

염료를 바를 때 젖은 곳을 쥔 손가락 자국. 얼룩이 되기도 하고 더러워지기도 한다.

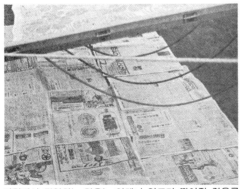

가정에서 작업하는 경우는 언제나 염료가 떨어질 경우를 생각해서 만전의 주의를 기한다.

아래에 잠긴 것이 건조될 때까지 밀대에 걸린 채로 빛을 받지 않도록 주의한다.

48

풀빼기 방법

①그릇에 물을 받는다. 물은 되도록 충분히 준비한다.

밀대에서 뗀 천을 물에 담근다.

②천에서 늘림기를 뺀다. 늘림기를 전부 뺐으면 밀대에서 천을 뗀다.

풀이 풀릴 때까지 담궈 둔다.

③물 안에 천을 담근다. 천이 가능한 한 주름이 지지 않도록 물 안에서 병풍처럼 접히도록 담그고 풀이 풀리는 것을 기다린다. 물이 더러워지면 두 번 정도 물을 바꾼다. 풀을 무리하게 떨어내지 말아야 한다. 물이 더러운 것은 천에 부착되어 있는 나머지 염료와 풀의 표면에서 발색한 염료가 흘러 나왔기 때문이므로 풀의 표면이 깨끗해지면 색은 나지 않게 된다.

풀이 풀리면 천을 당기면서 풀기를 뺀다. 물이 더러워지지 않을 때까지 물세탁을 한다.

④풀기가 느슨해지면 천의 양귀 부분을 대각선이 되도록 쥐고 세게 당긴다. 우로 좌로 천을 끝에서 끝까지 당겨 가면 풀기가 떨어지고 신선한 하얀 모양이 나타난다.

⑤풀을 완선히 없앴으면 흔들어 빤다. 전 전체의 풀이 전부 떨어질 때까지 물을 바꾸면서 헹군다.

탱크에 물을 끓여서 가루비누를 넣고 휘젓는다.

소오핑 방법

①탱크에 천이 충분히 잠기도록 충분한 양의 물을 끓이고 이 안에 가루비누를 3 g / l 의 비율로 첨가한다. 가루비누가 용해되도록 휘젓는다.

빨아 낸 천은 끝부터 차례로 넣는다. 15~20분 소핑. 때때로 휘젓는다.

②세탁한 천을 비누액 안에 끝부터 차례로 넣는다. 온도는 70~90℃로 끓이는 시간은 15~20분간이다. 도중에서 비누액이 너무 더러워지면 흰색에 물이 들므로 천을 꺼내 공기 중에서 일단 식히고 세탁을 한다. 새 비누액을 만들어 한 번 더 소오핑을 한다.

시간이 되면 천을 탱크 뚜껑에 꺼낸다.

③시간이 되면 천을 꺼내 공기 중에서 식히고 비누기가 빠질 때까지 충분히 물세탁을 반복한다.

손을 댈 수 있을 정도까지 식힌다.

④물세탁이 끝나면 탈수기에 탈수를 한 후 밀대에 걸어 건조시킨다. 늘림기는 30cm간격 정도로 대고 천이 마르면 늘림기를 뗀다. 늘림기를 걸어 둔 채로 완전히 건조시키면 늘림기에 닿은 귀 부분이 휘어나가므로 천이 짧은 경우에는 늘림기를 걸 필요는 없다.

이상에서 나프톨 염료를 사용하는 인염 작품은 완성이다.

이 장을 읽고 나프톨 염료는 대단히 번거롭고 어려운 염료라고 생각할 사람도 있겠지만, 표에 따라서 계산마저 틀리지 않도록 주의하면 반드시 좋은 결과를 얻을 수 있을 것이다. 단 쇄모로 염료를 인염할 때의 얼룩은 다른 염료와 달리 몇 번이라도 바를 수 있기 때문에 고칠 일이 없다. 이 점에 주의한다. 또 엷은 색이 필요한 경우는 나프톨 염료를 사용하는 것이 무리인 것이 결점이긴 하지만 그밖에 자유로이 혼색하는 것도 어려운 문제이다.

나프톨로 염색한 것은 색이 선명하므로 한 가지 색으로 염색하는 것이 좋다. 나프톨 염료를 사용하는 동안에 염료 성질을 점점 알게 되었을 때 비로소 2색 3색 작업을 할 수 있게 된다. 처음에는 욕심을 내지 말고 표에 따라서 한 가지 색 염색부터 완전히 익혀간다.

비누기가 빠질 때까지 물세탁을 한다.

소오핑이 끝나면 물세탁을 한 후 탈수 밀대에 걸어 건조시킨다.

나프톨 이열으로 완성시킨 작품

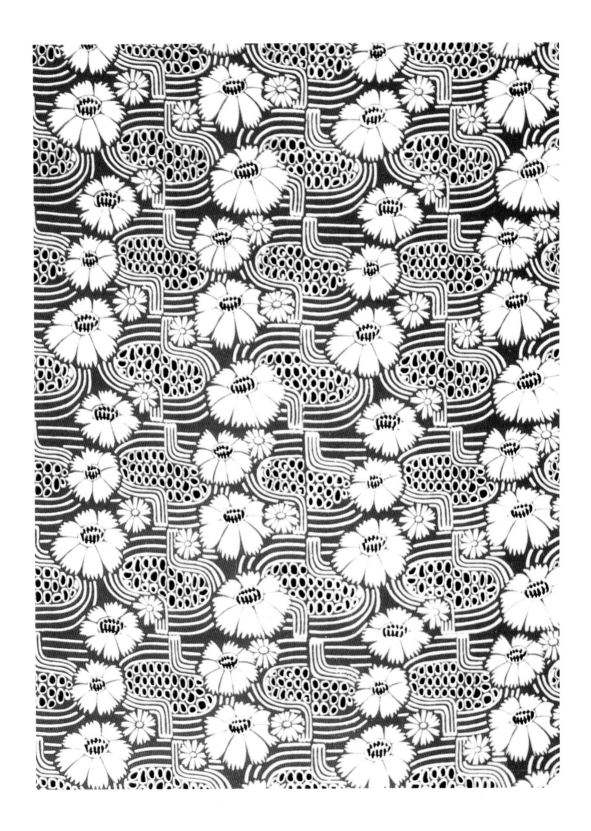

제5장 　직접법

1. 손으로 그리는 갱사(更紗)

염색 수법을 여러 가지 염료를 사용해서 설명했지만 "염료로 천에 직접 문양을 그려 보고 싶다"라고 생각하는 사람이나 "넓은 장소가 없으니 무엇인가를 책상 위에서 염색할 수 없을까"등으로 생각하는 사람에게는 손으로 그리는 갱사라는 수법이 있다. 이것은 손쉽게 할 수 있는 것이다.

염료는 직접 염료를 사용한다. 그림물감과 같이 눈으로 봐서 색을 알 수 있고 혼색을 자유로이 할 수 있으므로 대단히 사용하기 편한 염료이다. 그러나 염료를 뜨거운 물로 녹인 채로 붓을 사용하여 천에 그리면 번지게 되므로 정련한 천에는 미리 엷은 청각채 액을 발라 건조시킨다. 작은 천이면 뜯어 재양을 치거나 유리창에 발라 건조시키면 좋다. 또 염료 외에도 소량의 풀을 넣고 일을 한다. 녹말풀, 청각채 등 건조 후에 수용성인 풀이라면 무엇이라도 상관 없다. 이런 풀 종류 가운데에서 좋아하는 것을 선택해서 염료를 혼합하여 색풀을 만든다. 이것을 붓으로 천에 자유자재로 그리는 방법이다.

염료가 직접 염료이므로 다 그리고 나면 건조시키고 열처리를 하여 수세를 하고 염료 안에 혼합시킨 풀을 씻어 흘려버린 후 색고정을 하면 완성된다.

갱사 수법도 여러 가지로 손이 가지만 갱사의 가장 초보적인 예로 여기에서는 식물성 섬유에 직접 염료를 사용하여 천에 직접 그리는 것을 목적으로 한 수법에 관해서 설명한다. 그러나 갱사에는 이 직접 염료로 그리는 수법 외에 납을 사용하는 것, 풀을 사용해서 하얀 솜 그리기를 표현하는 것, 판을 사용하는 것 등 종류도 많다.

손으로 그리는 갱사 방법

천 준비

우선 천 준비를 한다. 천은 브로드(broad)로 폭 91×50㎝의 크기이다. 이 크기는 책상보로 사용할 수 있는 크기이다. 천을 구하면 천 무게의 약 20배의 뜨거운 물에 넣고 30분 정도 끓이고 나서 공기 중에서 식혀 빨아서 탈수시킨다

다음에 청각채를 끓여 둔다. 청각채가 준비되면

먼저 빨아서 탈수시킨 천을 펴서 늘림기를 대거나 작은 천이라면 늘림기를 네 귀퉁이에 대고 건조시킨다. 또 큰 창문에 재양치는 요령으로 붙여도 좋다. 어쨌든 잔주름이 생기지 않도록 건조시킨다. 잔주름이 있는 천에는 가는 선을 그릴 수 없다. 손바닥으로 펼친 천에는 쇄모로 청각채를 바른다. 또 유리에 붙인 경우는 붙이기 전에 천을 청각채액 속에 15분 정도 담근 후 가만히 짜고 나서 붙인다. 이 때 유리와 천 사이에 공기가 들어가지 않도록 잘 늘리는 것이 중요하다. 이대로 완전히 건조시켜 마르면 천을 벗겨서 접혀지지 않게 원통 모양으로 감아 둔다. 손바닥으로 펴거나 늘림기로 건조시킨 천도 같다.

다음, 드디어 밑그림을 만든다. 밑그림 만들기의 요령은 아래와 같다.

밑그림 준비

①로울지를 천과 같은 크기의 폭 91×50㎝로 자른다. 이 안에 폭 40×길이 80㎝ 선을 긋고 한변이 20㎝인 정사각형 안에 대각선을 긋고 저변이 20㎝인 이등변 삼각형을 만들어 이 안에 디자인을 한다. 물론 큰 면에서 디자인을 하는 것도 전혀 지장은 없지만 여기에서는 하나의 단위를 회전 연속시키려고 하고 있다. 삼각형을 회전시키고 연속시켜 가는 것이므로 예외 없이 흥미로움이 표현된다. 처음 삼각형 안의 디자인은 자유롭게 생각한 대로 선을 긋는다. ②처음 삼각형이 디자인되면 이것을 회전시키면서 연속시켜 간다. 다른 종이에 같은 크기의 삼각형을 만들어 한 번 디자인을 옮겨 그리고 이것을 밑그림으로 해서 로울지에 옮기면 일이 빠르다. 전체에 연필로 다 옮겨 그리면 세자용(細字用) 펠트 펜으로 한번 더 선을 덧그린다. 8개의 정사각형이 전부 채워지면 밑그림은 완성된 것이다.

선 그리기

다음에 염료를 만든다. 선 그리기 색은 검정색, 감색, 갈색 등과 같은 어두운 색이 배색할 때 색을 고르기 쉽다. 시리어스 블랙 L을 12g/l의 농도로 용해시킨다. 이 전의 선을 그리려면 용해액은 50㏄ 정도 있으면 충분하고, 이것으로 그리게 되지만 하

55

루에 일을 끝마칠 수 없으며, 며칠에 걸쳐 일하는 사람은 100 cc 정도의 염료를 만들어 병에 보관해 두면 편리하다.

염료가 용해되면 색풀을 만든다. 접시에 풀을 1/3스푼 정도 덜고 손가락 끝으로 잘 젓는다. 소량의 풀이므로 작은 접시 전체에 달라 붙는 상태가 되겠지만 원을 그리는 것처럼 손가락 끝을 움직인다. 이 안에 용해된 염료를 조금씩 첨가하면서 손가락 끝으로 풀과 혼합시킨다. 대충 트롯트한 느낌이 들 때까지 염료로 늘인다. 천에 스민 청각채가 진하면 염료에 넣을 풀을 소량으로 한다. 천의 청각채가 엷으면 접시의 염료는 풀기를 많게 하는 편이 좋다.

그리고 염료를 사용해서 선 그리기를 한다. 이 경우 가는 선을 그리려면 붓끝이 긴 면상필 (面相筆)을 사용하면 좋다.

책상 위에 신문을 펴고 그 위에 밑그림을 놓는다. 청각채가 스민 천을 위에서 겹친다. 이 때 천과 밑그림이 어긋나지 않도록 주의한다.

천 주위에 여백이 있으므로 처음에는 천 끝에 시그림을 그려 본다. 가늘고 길게 번지지 않게 그릴 수 있으면 모양이 좋지만 선이 도중에서 끊기면 염료의 풀기가 너무 강한 것이므로 염료를 첨가한다. 번지게 되면 풀기가 적은 것이므로 풀을 첨가한다. 염료 접시에 갑자기 풀을 넣으면 응어리가 지므로 다른 접시에서 풀을 한 번 더 만들어 엷게 만든 접시의 염료를 조금씩 첨가하여 색풀을 만든다.

색풀이 완성되면 밑그림을 따라 선 그리기를 한다. 밑그림과 약간 빗기어도 선을 여러 줄 거듭 긋는 일은 하지 말고 그대로 차차 그려 간다.

전체에 연필로 옮겨 그린다.

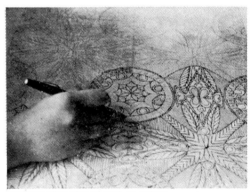

연필위를 펠트 펜으로 한번 더 그린다.

밑그림 위를 색연필로 채색해 둔다.

56

채색

　선 그리기가 끝나면 채색할 색풀을 만든다. 염료의 용해법, 색풀 만드는 법은 선 그리기 때와 같다. 색의 농도를 구하고 싶은 경우는 일단 12 g / l 에서 용해시킨 염료를 작은 접시에 나누어 담고 물을 넣어 엷게 한다. 다른 접시에 풀을 만들어 물을 넣고 엷게 한 염료와 섞는다. 혼색할 경우는 염료를 용해시키고 나서 작은 접시에 나누어 담고 혼색한다.

　채색하는 붓은 면상필로는 허리가 약하므로 동양화 채색용 붓을 사용하는 편이 좋다. 전체 채색이 끝나면 완전하게 건조시킨다.

원을 그리는 듯한 요령으로 풀을 잘 갠다.

용해시킨 염료를 조금씩 첨가하면서 손가락으로 섞는다.

트롯트한 느낌이 들 때까지 잘 섞는다.

책상위에 신문지를 펴고 그 위에 밑그림을 놓는다.

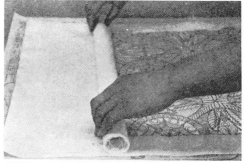

청각채가 스미면 천과 밑그림이 떨어지지 않도록 주의하면서 겹친다.

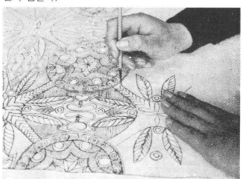

면상필로 밑그림을 따라 선을 그린다.

채색용 붓으로 채색을 한다.

57

뒤처리와 마무리

다음은 찌기이다. 직접 염료이므로 열처리가 필요하다. 찐 후에는 김 쏘이기를 한다. 색풀을 사용한 것이므로 찐 후에는 잘 세탁해서 풀기를 충분히 씻어내린다. 세탁이 불충분하면 풀기 때문에 천이 부드럽지 않다. 세탁을 할 때는 되도록 천을 비비지 말고 흔들어 빨도록 한다.

완전히 세탁이 끝나면 색고정을 한다 색고정을 하고 나면 한 번 이 세탁을 해서 건조시키고 다림질로 마무리를 한다.

색 고정제를 재서 넣고 색 고정액을 만든다.

세탁한 천을 색 고정액에 담궈서 색고정을 한다.

다림질로 마무리를 해서 완성한 갬사 작품

59

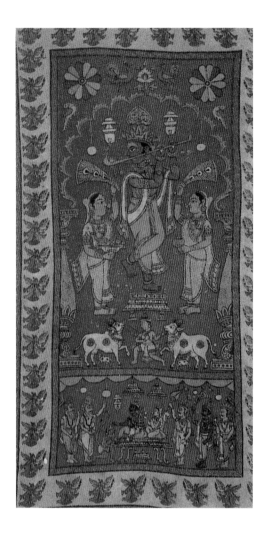

2. 판염

판염에는 목판, 고구마판, 리놀륨 (linoleum)판 등이 있다. 방법은 凹판 또는 凸판으로 조각을 해서 이것을 천에 날인하면 모양이 나타나는 것이다. 이것은 일부분의 도안을 조각하여 적당히 맞춰서 연속 모양을 제작하면 다른 염색물에서는 표현할 수 없는 특징이 있는 염색물을 얻을 수 있으므로 연구해 볼 필요가 있다.

고구판에는 감자, 고구마 등이 이용되지만 목판에 비해 완성이 부드럽고 용도에 따라서는 아취가 있는 변화도 얻을 수 있다.

조각된 판에 염액을 바르고, 천의 표면에 날인하고, 염료에 따라서 또는 염색법에 따라서 다소의 차이는 있지만 보통의 경우는 열처리를 한다.

1. 목판

면을 사용하는 경우가 많으므로 천은 납염, 형염 등의 경우와 같이 풀을 해서 천을 평평하게 늘려서 판을 누르기 쉽도록 준비한다. 이 경우 하얀 천에 할 때는 풀만 하는 것이 좋지만, 형염의 경우와 같이 발염 또는 착색 발염을 응용할 때에는 희망하는 색상의 무늬가 없는 천에 염색한다.

판을 조각할 때에 주의할 점은 좌우가 반대가 되기 때문에 문자를 조각하는 경우에는 특히 주의해야 한다. 보통은 종이에 도안이나 문자를 용도에 따라서 적당한 크기로 그려서 이것을 묵으로 그려 이판하며 목판에 붙여서 말린다. 충분히 건조시킨 후에 조각칼을 이용해서 凸판이 되도록 조각한다.

판이 완성되면 탐폰 (Tampon)을 만들어서 이것에 염액을 묻혀 균일하게 염액이 발라지도록 한다. 탐폰을 이용하지 않고 작은 솔 또는 붓 등으로 염액을 바르는 수도 있다. 어쨌든 염액을 바른 판을 천에 누르는 것이다.

목면류에는 직접 염료를 이용한다. 이 경우는 염료 용액에 아라비아 고무풀 또는 트라칸트 고무풀 등을 첨가하여 염료가 번지지 않도록 한 것을 판에 바른다.

산성 염료를 이용하여 견직물에 응용할 때에도 직접 염료의 경우와 같이 풀을 첨가시켜 차지게 한 것을 이용한다.

이상의 염료를 사용한 경우에는 판을 누르고 나서 반드시 열처리를 한다.

염기성 염료와 유산, 탄닌산과 풀을 혼합시킨 염액을 만들어 판에 바른 천에 누른 것은 열처리를 할 필요가 없다.

염료는 천의 재질이나 용도에 따라 적당한 것을 선택해서 이용하면 좋다.

2. 고구마판

사용할 천은 견에도 면에도 응용할 수 있다. 견의 경우는 보통 그대로 이용하지만 면 종류는 앞에서 말한 바와 같이 풀을 하고 나서 평평하게 해 놓는다. 또 엷은 색 천에 응용하는 경우에는 엷은 색 천에 염색하고 나서 이용한다. 천은 평평하게 늘리고 신문지 5~6장 겹친 위에 압핀으로 고정시킨다.

고구마 또는 감자를 준비해서 판의 크기에 따라 원통형을 둥글게 자르는 경우도 있고 또는 원형으로 할 때에는 비스듬히 자르는 경우도 있지만, 잘 드는 칼을 준비해서 벤 자리는 평평하게 해야 한다.

벤 자리는 마른 천으로 습기를 흡수시킨 후 홑치기 때에 사용하는 청화를 그리거나 혹은 묵을 이용해서 벤 자리에 직접 도안을 그린다. 익숙하지 않은 경우는 얇은 종이에 그린 것을 벤 자리에 붙여도 좋고 모조지나 하트론 지와 같은 두꺼운 종이에 진한 먹물로 그리고 이것을 벤 자리에 대면 도안이 고구마 쪽으로 옮겨지므로 종이를 없애고 나서 조각하기 시작한다. 고구마판은 너무 섬세한 것보다 간단한 것이 조각하기 쉽고 완성을 깨끗이 할 수도 있다.

조각 방법은 같이 잘드는 작은 칼끝으로 凸판 또는 凹판에 조각한다. 보통은 凸판이 많지만 용도에 따라서 벤 자리의 형태가 좋은 것은 그 윤곽을 이용하면 좋고 이 경우 凹판으로 조각하면 멋이 있다.

조각이 끝나면 습한 천으로 밑그림인 청화 또는 먹물을 닦아내지만 닦는 것만으로 되지 않을 때에는 잠시 물에 담궈 놓으면 없앨 수 있다. 후에는 마른 천으로 면을 잘 닦으면 좋다.

고구마판에 이용하는 염액은 목판 때와 같이 만들면 좋다. 하나의 모양을 연속하는 경우에는 날인할 때에 미리 위치를 눈으로 정해 놓고 누르며, 두 가지 종류 이상의 염료를 사용할 때에는 배색을 충분히 고려해서 판을 반복하여 사용한다.

다음에 날인한 염액이 건조되면 열처리를 하는 것도 앞의 것과 같다.

견납 염색을 응용하는 경우는 면 종류는 앞과 같이 풀을 하고, 하얀천에 이용하는 경우에는 물에 담그거나 솔질을 한 후에 평평하게 늘려 놓는다. 엷은 색 천에 하고 싶을 때에는 건염 염료나 가용성 건염 염료, 또는 나프톨(Npphthol) 염료를 이용해서 염색한다.

판에 이용할 염료로서는 앞에서 기술한 가공한 염기성 염료를 이용하여 날인하면 열처리를 하지 않아도 좋기 때문에 편리하다.

모든 염료도 판에 염료가 스며 들어가면 1회마다 판면에 바르지 않아도 1회 바른 것만으로 2~3회 날인하면 엷어지지만 이것은 오히려 농염이 나타나므로 너무 단단히 눌려진 것보다도 용도에 따라서는 효과적일 수가 있다.

3. 연근판

고구마판보다 연근판 쪽이 간단하게 할 수 있다. 이것은 조각뿐 아니라 자르는 방법의 변화에 따르거나 눈 부분을 이용해서 날인하는 것이다.

천과 염액의 준비, 염료, 날인 등은 고구마판 때와 같이 한다. 또한 열처리를 하는 경우도 앞에 기술한 대로 한다. 형태는 간단하지만 배색의 여하에 따라서는 변화가 있을 수도 있다.

4. 엽쇄염

나뭇잎 염색은 풀이나 나뭇잎을 이용해서 자연 그대로의 형태를 천에 염색해 내는 방법이다.

앞에 기술한 판염의 경우와 같이 하얀 천이나 엷은 색 천에 응용하는 경우와 진한 색 천에 응용하는 경우가 있다.

준비가 되면 신문지 4~5장 겹친 위에 놓거나 라사 위에 놓고 천이 움직이지 않도록 압핀으로 고정시킨다.

어떤 잎으로도 응용할 수 있지만 완성이 효과적인 것은 잎맥이 확실한 것, 변화가 풍부한 것을 선택하는 것이다. 채집해 온 잎은 2~3일 정도 신문지 사이에 끼우고 책 등을 덮고 가볍게 눌러 놓으면 날인할 때 사용하기 쉽다.

여기에서는 하얀 천이나 엷은 색 천에 엽쇄를 응용하는 경우의 염액에 관해서 서술한다.

식물성 섬유에는 직접 염료, 동물성 섬유에는 산성 염료나 염기성 염료를 준비한다. 이런 염액에 트라칸트 고무풀 또는 템푼 풀을 끓인 것, 혹은 아라비아 고무풀 중에 어느 것을 선택해서 첨가한다.

우선 준비된 천 위에 잎을 배치하고 여러 가지 연구를 해 보면 의외로 재미있는 것이 나온다. 이와 같이 해서 배치가 정해지면 인을 해서 잎을 없앤다. 다음에 염액에 번지지 않을 정도로 풀을 넣은 것을 잎 안쪽에 바른다. 염액은 너무 많지 않도록 주의한다.

다음에 이 잎을 천 위에 놓고 잎의 크기보다 조금 크게 자른 신문지를 잎 위에 덮고 위에서 평평하게 내리 누른다. 이렇게 해서 잎에 발라진 염액은 천에 옮겨 든다. 다음에 잎을 가만히 떼면 잎맥이 확실히 날인된다.

염액을 바르는 경우에 한장 잎을 반씩 색상을 바꿔도 좋고 전부 배색을 해서 2~3색 정도 이용해도 변화가 있는 것이 제작된다. 이와 같이 해서 순차적으로 날인하여 전부가 염색되면 그대로 자연 건조된다.

이상의 염액을 이용한 경우에는 열처리를 한다. 이 외에 가공한 염기성 염료를 이용해서 날인한 경우에는 열처리를 할 필요는 없다.

5. 발염을 응용한 판염과 엽쇄염

진한 색 천에 염색한 후에 발염제를 습입한 풀이나 색풀을 사용해서 판염이나 엽쇄염을 응용하면 하얀 천이나 엷은 색 천에 응용한 경우와 전혀 감각이 다른 것이 나온다.

(1) 판염을 응용한 여백 만들기

견이나 면 종류 중에서 적당한 것을 준비해서 염색한다. 곧 식물성 섬유에는 직접 염료를 이용한다. 동물성 섬유에는 산성이나 직접 염료를 이용해서 침염법으로 하여 무지염으로 하고 건조 후에 천을 평평하게 해 둔다.

발염 풀 만드는 법은 날염을 응용한 본을 떠서 여백을 만드는 방법과 같지만 간단하게 만들려면 밀가루풀이나 밥으로 만든 풀과 10% 정도의 롱가릿트를 소량의 물에 용해시켜 이 용액을 이용해서 풀을 만드는 법이 있다.

염색 방법은 평평한 판자 위에 신문지 3~4장을 겹쳐 놓고, 이 위에 염색된 천을 놓고 압핀으로 고정시킨다. 고구마판이 조각된 판면으로 하는 것은 앞의 것과 같다.

다음에 발염풀을 판면에 평평히 바르고 이것을 준비된 천에 날인한다. 이 경우 주의할 점은 하얀 천이나 엷은 색 천에 응용했을 때와 달리, 천이 진한 색으로 염색되어 있으므로 날인해도 확실하지 않기 때문에 모양의 배치에 신경을 써야 한다.

판이 날인되면 그대로 건조시킨다. 건조 후에는 천과 천이 접촉되지 않도록 신문지에 싸서 열처리를 한다. 처리 후에는 김을 쏘이고 평평한 판자 위에 놓고 솔질을 하며 발염제를 충분히 제거한다. 다음에 세탁을 하고 마른 천으로 감아서 물기를 없앤 후 말린다.

(2) 엽쇄염을 응용한 여백 만들기

필요한 천의 준비, 발염풀 만드는 법은 앞에 기술한 여백 만들기와 같은 방법으로 하면 된다.

(염색 방법)

염색염 항을 참조해서 앞을 준비한다. 준비된 잎에 발염제를 바르고 날인하여 건조시킨다. 마르면 열처리를 한다. 열처리 후의 마무리는 앞에 기술한 대로 하면 된다.

(3) 착색 발염의 응용

고구마판이나 엽쇄염의 경우는 풀의 양을 적게 하는 편이 판면에 바르기 쉽다.

기타 준비 및 방법은 여백 만들기와 모두 같은 방법으로 하면 된다.

완성을 여백 만들기의 경우와는 달리 모양 부분이 여러 가지 색상으로 나타난다.

자연 린네에 검은 색을 쓴 라인강 유역의 판염 ; 13 세기경

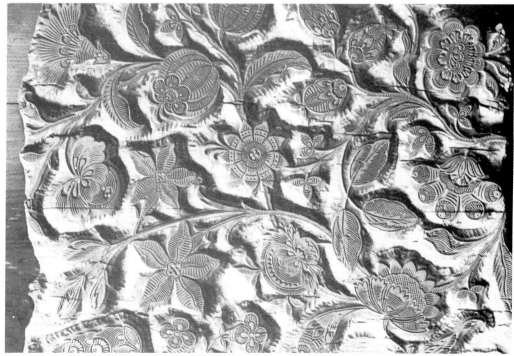

비롯 18 세기 것은 아니지만 두 목판은 세부 묘사가 성취 될 수 있다는 것을 보여 준다 ; (건너편)13 세기 초기의 단순한 모양의 예는 재미를 자아내며·goufed—out linear details 방법에 의해 인쇄될 수 있다 ; (위)레바논에서 나온 꽤 최근 의 판목. 고사리 모양 무늬의 정교함은 주목 할 만하다.

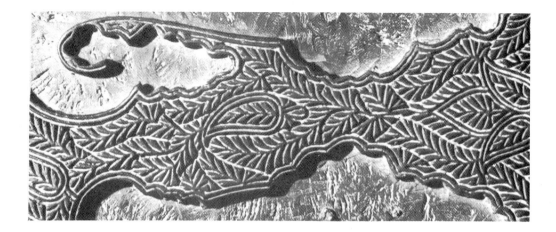

19세기 초기 목판염. W.Crookes.(1874) Practical Hand book of Dyeing and Calico-Printing 에서 인용

데이비스 에반스 프린트워크 목판염. 그레기포드, 켄크.

1845년 경에 인쇄된 페이즐리

숄 자체뿐 아니라 많은 빅토리안 목판염 울에 복
사된 디테일의 유형을 보여줌.

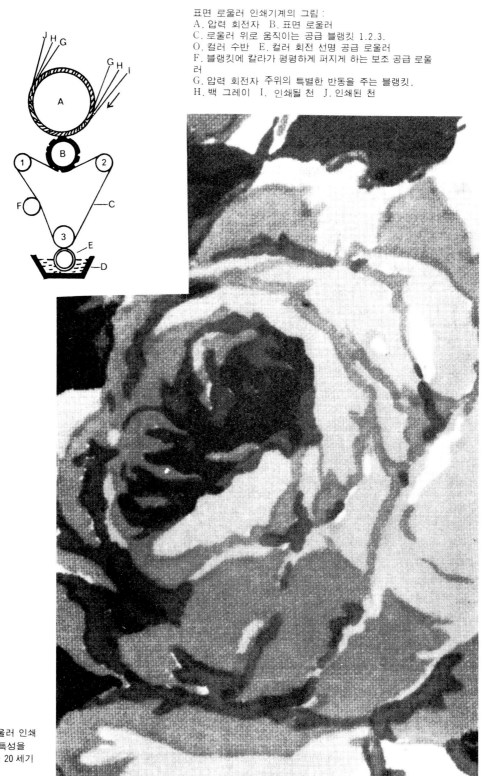

표면 로울러 인쇄기계의 그림 :
A. 압력 회전자 B. 표면 로울러
C. 로울러 위로 움직이는 공급 블랭킷 1.2.3.
O. 컬러 수반 E. 컬러 회전 선명 공급 로울러
F. 블랭킷에 칼라가 평평하게 퍼지게 하는 보조 공급 로울러
G. 압력 회전자 주위의 특별한 반동을 주는 블랭킷.
H. 백 그레이 I. 인쇄될 천 J. 인쇄된 천

포면 로울러 인쇄
방법의 특성을
보여주는 20 세기
샌더슨
공급 직물.

윌리엄 모리스의 목판염 스네이크 헤드 사라사 무명 1876.

인도의 마수리파탐의 벽걸이용 목판염(18세기)

보더(위)와 올―오버 패턴(왼쪽)을 만드는데 적당한 분리
된 캐스트와 스테레오 방법을 보여주는 두 캐스트 블록.

3. 번짐 기법

안료수지 염료는 대단히 염색을 즐겁게 해 준다. 여기에서 사용하는 안료수지 염료는 아마츄어가 가장 손쉽게 염색의 즐거움을 맛볼 수 있는 염료이다.

젊은이에서 노인들까지 누구라도, 게다가 어떤 천으로도 염색할 수 있고 다림질로 마무리할 수 있다. 또 색이 대단히 아름답고 혼색하는 것도 생각대로 자신의 기호에 맞는 색을 만들 수 있다. 취급도 상당히 쉽고 완전하게 염착했을 때 다른 염료에 비하면 일광시 퇴색이 거의 없다고 할 정도로 많은 특징을 갖고 있다. 단지 천에 수지의 힘을 빌어 염착했을 뿐이므로 마찰에는 약한 것이 결점이다. 그러나 이것도 색상과 용해제를 결정된 비율로 혼합해서 부드럽게 일을 하면 세탁에도 충분히 견뎌낼 수 있다.

염료의 성질을 잘 생각하면 세탁할 일이 적은 작품, 예를 들면 장식천 (벽화 장식천, 책상보 등)과 같은 것에는 안성마춤이라고 할 수 있다. 이 염료를 사용해서 간단히 생활에 필요한 멋진 작품을 만들 수 있으면 제작 의욕도 늘고 차례차례 염색에로의 꿈을 갖을 수도 있게 된다. 그러면 정말로 간단히 할 수 있는가 실제로 만들어 보기로 한다.

번지는 염색은 호염 때에 사용하는 배접하여 감물을 먹인 종이로 형지를 만들고 형지의 조각된 부분에 쇄모로 직접 염료를 스미게 하는 방법이다. 따라서 호염으로 천을 염색한 형태의 경우, 형지의 조각된 부분이 풀에 의해 염색이 방해되므로 모양이 하얗게 남아 바탕이 색으로 물들지만, 이 번지는 염색은 같은 형지를 사용해서 염색하면 모양이 색으로 물들어 바탕이 하얗게 된다. 물론 디자인에 따라서는 바탕이 하얀 것을 반대로 모양으로 보이게 하는 것도 가능하다.

번지는 염색은 날염과 같은 종류의 것인데, 한마디로 말하면 날염 형지를 사용해서 안료수지 염료를 잔 쇄모에 묻혀 번지게 해 가는 일이라고 할 수 있을 정도로 완성된 작품은 서로 비슷한 느낌의 것이다. 순서도 날염과 거의 같지만 형지를 만들 때 다소 차이가 있다.

날염의 경우는 염료와 풀이 혼합된 색풀을 색료로 사용하기 때문에 먼저 한 가지 색으로 본을 뜬 후에 다른 색을 얹으면 먼저의 첫번째 색풀의 부분은 천에 염착함과 동시에 두번째 색과 겹쳐진 부분을 방염할 힘도 있다. 그렇기 때문에 예를 들어 도우넛 형태의 모양을 염색할 경우, 작은 원과 큰 원 두 개의 형지를 만들어 작은 원으로 하얀 풀을 놓고 건조시킨 후에 큰 원으로 색풀을 덮어 씌우면 도우넛 형태로 염색이 된다.

그러나 번지는 염색의 경우는 형지를 조각한 곳 (형지에 구멍이 난 부분)에 직접 안료가 번지게 되므로 날염 형지를 그대로 사용하면 좋지 않은 결과가 나온다.

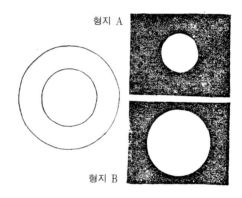

형지 A

형지 B

날염과 스미게 할 형지

① 왼쪽 그림에 나타낸 것처럼 디자인을 해서 가운데 작은 원을 노랑으로, 바깥쪽의 큰 원을 빨강으로 한다. 형지는 날염 때와 같이 작은 원과 큰 원 두장을 준비한다.

② 천에 우선 A 형지로 노랑을 스미게 한다. 다음에 B 형지로 빨강을 스미게 한다. 그 결과 먼저 스민 노랑이 없어지고 크고 빨간 원만 남게 된다. 어느새 작은 원과 겹친 부분의 빨강이 조금 색이 바뀐 정도이다.

③ 반대로 B 형지 빨강부터 번지게 한다. 그 다음에 A 형지 노랑을 겹친다. 그 결과는 크고 빨간 원 안에 붉은 기가 도는 오렌지색의 작은 원이 생긴다. 그러나 디자인은 크고 빨간 원안에 작고 노란 원이므

로 이것으로는 형태가 좋지 않다.

④ 디자인한 색을 바꾸어 본다. 큰 바깥 원을 노랑으로, 가운데 작은 원을 빨강으로 한다. 우선 A형지로 작고 빨간 원을 번지게 한다. 다음에 B형지로 크고 노란 원을 겹친다. 그 결과 지금까지 시험해 본 가운데에서 가장 디자인이 좋은 것을 구할 수 있지만 이것으로도 빨강과 노랑은 섞인다.

이상 여러 가지 시험 결과로써 엷은 색 위에 진한 색을 덮는 것은 순수한 색은 구할 수 없지만 어느 정도는 가능하다는 것을 알았다. 그러나 디자인 단계에서 채색할 때 항상 엷은 색 위에 진한 색을 가져 올 수는 없다. 진한 색 안에 엷은 색이 있음에 따라 디자인이 사는 경우도 있다. 결국 날염 형지를 그대로 사용하는 사고 방식으로는 번지는 염색은 무리가 생기는 것이다.

번지는 염색 방법
디자인

디자인을 한다. 디자인을 할 때 천과 형지 크기와의 관계, 모양의 연속에 관해서는 이미 날염의 "디자인과 형지 만들기"에서 과정을 설명한 대로이다.

디자인이 완성되면 이것을 채색한다. 채색은 색연필, 크레용 등을 사용한다.

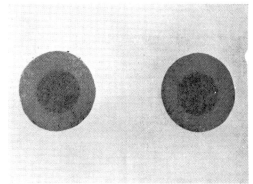

왼쪽원 : ① 노랑으로 A형 본뜨기 ② 빨강으로 B형 본뜨기
오른쪽원 : ① 빨강으로 B형 본뜨기 ② 노랑으로 A형 본뜨기

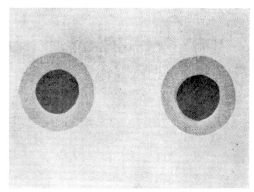

왼쪽원 : ① 빨강으로 A형 본뜨기 ② 노랑으로 B형 본뜨기
오른쪽원 : ① 노랑으로 B형 본뜨기 ②빨강으로 A형 본뜨기

디자인을 따라 채색하고 있다.

형태 조각

　미농지를 색 수와 같은 장수만 준비해서 필요한 크기로 자른다. 이 경우 필요한 크기라고 하는 것은 디자인과 같은 크기거나 물들인 종이와 같은 크기이다. 어느 것으로 해도 상관 없다. 물들인 종이의 크기란 디자인 주위에 테두리를 한 크기를 말한다.

　이 미농지를 채색한 디자인 위에 덮고 색별로 미농지에 옮겨 그린다. 그러나 채색한 디자인을 색별로 장수에 맞게 미농지에 옮긴다고 해도 그렇게 되지 않는 형이 있다. 그 예가 앞에 기술한 도우넛 형태와 같은 디자인이다. 호염 형지를 예로 들어 말하자면, 사이를 주지 않으면 아무것도 아닌 현지의 경우는 한 자기 색으로 채색해도 형지를 두 장으로 나누는 것이 필요한다. 곧 한 가지 색에 대해 두 장의 미농지를 준비할 필요가 있는 것이다. 이렇게 해서 작업을 하면 사이를 줄 필요도 없고 앞에 기술한 시험과 같이 겹친 색이 혼색되거나 없어지는 일도 생기지 않는다.

색별로 미농지에 옮겨 그린다.

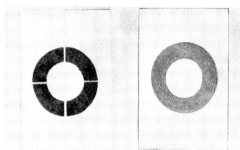

왼쪽 디자인을 호염 형지를 예로해서 사이를 준 형지

한 색으로 채색해도 형지를 두 장으로 나눈다.

73

디자인에 따라서는 두 가지 색으로 채색했음에도 불구하고 형지가 3~4장이 되는 경우가 있다. 예를 들면 오른쪽의 사진에 나타낸 경우에서는 두 가지 색으로 4장의 형지가 필요하다. 여기서는 형지를 비키어 놓는 것은 고려하지 말고 삼각형의 연속은 정말 4장의 형지를 필요로 하는가 생각해 본다. 아래의 사각형의 경우라면 형지는 몇장이 될 것인다. 색은 세 가지 색이다.

삼각형 연속은 정말로 4장의 형지가 필요한가

위의 디자인은 몇 장의 형지가 필요한가

녹색 부분의 형지

74

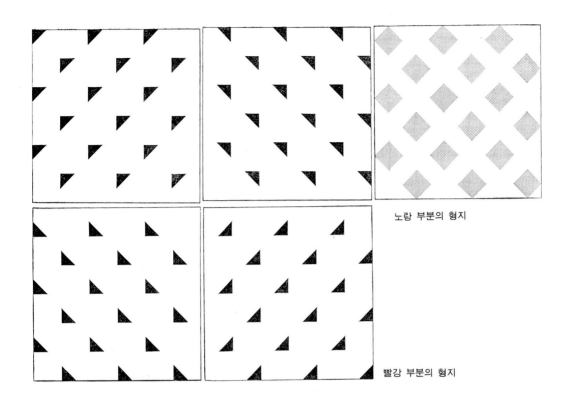

노랑 부분의 형지

빨강 부분의 형지

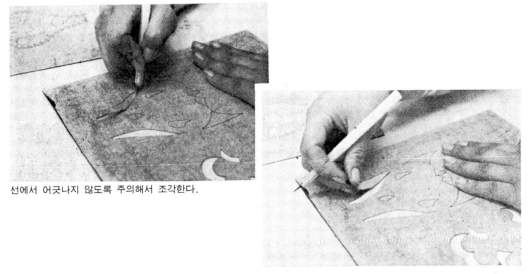

선에서 어긋나지 않도록 주의해서 조각한다.

귀퉁이마다 확실하게 조각한다. 세게 당겨 잡지 않는다.

미농지에 다 옮겨 그리면 물들인 종이를 자른다. 미농지를 자를 때에 다자인과 같은 크기로 잘려 있는 경우는 잊지 말고 주위에 테두리를 한다. 미농지를 자르는 단계에서 이미 테두리 치수를 가산한 경우는 이것과 같은 크기로 물들인 종이를 자른다. 단 형염 때의 테두리보다 약간 적은 치수라도 충분하지만 주위의 테두리 폭은 3㎝ 이하로 하지 않는 편이 작업이 쉽다.

물들인 종이가 준비되면 미농지의 안면에 골고루 세공납을 바르고 물들인 종이와 합쳐서 붙인다.

형태 조각이 끝나면 염색 준비이다.

조각된 형지는 미농지를 떼고, 형지 쪽에 세공납이 너무 두껍게 발라진 곳은 휴지로 닦고 나서 충분히 물에 담근다. 물들인 종이가 완전히 펴지면 물에서 꺼내 신문지 사이에 끼워 형지의 표면에 있는 습기를 없앤다.

스미는 염색

책상 위에 신문지를 3~4장 겹쳐서 펼친다. 이것은 책상을 더럽히지 않게 하기 위함이며 스미는 염색 작업의 쿠션 역할을 시키기 위함이다. 두꺼운 천 (돛, 울지, 데님 등)의 경우는 펼친 신문지 매수도 1~2장으로 좋지만, 얇은 천 (브로드, 견 등)의 경우는 신문지 3~4장 정도를 사용한다. 신문지를 너무 많이 겹쳐도 쿠션이 지나치게 강해서 작업하기 어려워지므로 신문지의 필요성을 잘 생각해서 자신이 일하기 쉬운 매수를 선택한다. 이 위에 천을 펼친다.

형지를 물에 충분히 담그고 형지를 잘 펼친다.

신문지 사이에 끼워 물기를 잘 없앤다.

번지는 염색 실습에 필요한 재료

신문지를 3~4장 겹쳐 작업의 쿳션을 잘 한다.

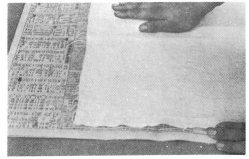

신문지 위에 천을 잘 정리해서 겹친다.

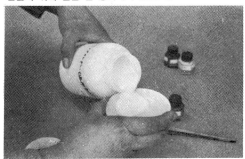

바인더 병을 잘 흔들어 접시에 낸다.

성냥개비로 색을 떠서는 접시의 바인더 안에 넣는다.

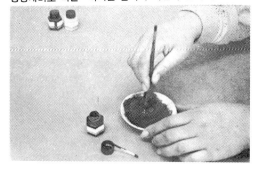

더와 색을 작은 쇄모로 잘 혼합한다.

염료 (안료수지 염료)를 용해시킨다. 바인더 (컬러 용해제)병을 잘 흔들어서 내용물을 혼합시킨후 접시에 내서 기호에 맞는 컬러와 혼합한다. 염료 자체만으로는 천에 염착할 힘을 갖고 있지 않기 때문에 수지에 의해 천의 표면에 고착시킨다.

바인더와 컬러는 바인더 9에 대해 컬러가 1의 비율이 진한 색이다. 엷은 색을 만들 경우는 바인더 양을 늘리면 컬러 함유량이 적어지므로 색은 엷어진다. 바인더 양을 점점 늘려 엷은 색을 구하는 것은 어떻게든 엷은 색이 되어도 그 색을 사용할 수 있으면 한층 더 지장이 없다. 반대로 진한 색의 경우에서는 바인더와 컬러의 비율이 9 : 1보다 많아지면 수지의 힘으로 컬러를 누를 수 없게 되므로 세탁을 하면 색이 떨어지거나 마찰에 의해 색이 떨어질 수도 있으므로 혼합할 바인더와 컬러의 비율이 무너지지 않도록 충분히 주의한다.

바인더를 접시에 낼 때 갑자기 컬러 병을 거꾸로 해서 염료를 내면 단번에 쏟아진다. 뚜껑을 열기 전에 일단 컬러 병을 바인더와 같이 흔들고 나서 뚜껑을 열고 성냥개비 같은 것으로 컬러를 퍼내서는 접시에 있는 바인더와 혼합시킨다.

컬러는 색에 따라서는 액체와 고체가 있다. 고체 컬러의 경우는 작은 쇄모로 바인더와 잘 혼합한다. 컬러 덩어리가 들어 있으면 염색했을 때 얼룩이 진다. 접시에서 녹인 색보다도 천에 스미고 건조시킨 색쪽이 엷어지므로 색을 볼 때는 지금부터 염색하려고 하는 천의 가장자리나 같은 천에 한번 시염색을 하고 말려 보는 것이 가장 확실한 방법이다. 혼색할 경우는 컬러만으로 혼합하는 것보다 바인더로 용해시킨 것끼리를 혼합하거나 기조가 되는 색을 바인더로 한 후에 혼합할 색을 조금씩 첨가하면서 색을 내는 편이 좋다. 예를 들면 오렌지색을 만들 경우 우선 노랑을 만든 후에 빨강을 조금씩 첨가시켜 간다. 보라의 경우는 빨강을 만들고 나서 청색을 더해 간다. 또 청록색의 경우는 녹색을 먼저, 나중에 청색을 더해가는 첫처럼 두 가지 색의 혼합은 어느 것이든 기조가 되는 색을 먼저 만드는 것이 포인트이다. 혼색해 갈 때 상상도 못한 아름다운 색이 나오는 수도 있다. 색이 변화하는 과정을 놓치지 않도록 한다.

염료가 준비되면 염색을 한다. 디자인에 의하고 색 수에 따라서 형지가 여러 장이 되는 경우는 어느 색에도 접근이 되는, 기본이 되는 형지부터 작업을 시작한다. 최초의 형지 놓는 법이 구부러지면 연속 모양의 경우는 천이 길면 길수록 비뚤어지므로 주의한다.

어느색으로도 기본이 되는 형지를 골라서 천의 가장자리에 형지를 놓는다.

① 천의 가장자리에 형지를 놓는다. 왼손으로 지금부터 번지는 염색 부분을 확실하게 누른다. 형지에 손바닥을 대고 번지는 염색 위치가 검지와 장지 사이에 들어가도록 누른다.

듬뿍 묻힌 염료를 접시 가장자리에서 떨군다.

② 오른손에 든 쇄모는 털을 묶은 채로 윗부분을 쥔다. 쇄모의 윗봉을 쥐면 힘이 너무 들어가 효과가 없다.

③ 접시의 염료를 잘 저어서 쇄모에 염료를 함유시킨다. 푹 찍은 염료를 접시의 가장자리에서 잘 떨군다. 그래도 아직 염료가 많을 때에는 형지의 가장자리에 쇄모를 누르듯이 하여 나머지 염료를 처리한다.

형지 가장자리에 쇄모를 누르는 듯이 해서 여분의 염료를 바른다.

④ 쇄모는 수직으로 세우고 조각된 형지의 가장자리부터 작은 원을 그리는 것처럼 빙빙 회전하면서 번지게 한다. 회전한다고 해도 손가락 끝으로 돌리는 것이 아니고 손가락 끝으로 쇄모를 확실하게 쥐고 손목으로 회전시키는 것이다. 볼펜을 사용할 때 연습장에 잉크 상태를 시험해 볼 때의 요령과 같다.

조각된 면적이 큰 형지에 대해서는 큰 보턴 쇄모를 사용한다. 반대로 작은 면적의 경우(1cm 정도)라면 이것과 같은 정도의 치수의 폭이 있는 쇄모나 혹은 1.5배 정도의 쇄모를 선택하면 작업은 대단히 부드럽게 된다. 큰 면적을 작은 쇄모로 번지게 하면 얼룩을 만드는 최대의 원인이 된다.

디자인에 따라서 형지가 조각된 가운데에 가늘게 남아 있는 경우에는 가는 형지 위에 쇄모를 대고 양쪽을 동시에 스미도록 한다. 가는 형지의 선을 조심조심 피하면서 번지게 하면 실패한다.

쇄모를 손가락 끝으로 확실히 쥐고 원을 그리듯이 하여 번지게 한다. 왼손은 완전히 형지를 누른다.

⑤ 쇄모에 염료가 없어지면 가장자리에 둔 염료를 사용한다. 그것도 없어지면 접시 안의 염료를 잘 섞어서 쇄모에 묻힌 나머지 염료를 가장자리에서 잘 떨구고 그래도 아직 염료가 많을 때에는 형지의 가장자리에서 쇄모를 눌러 짜고 번지는 염색을 계속해 간다.

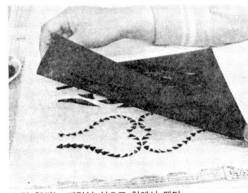

스민 형지는 대각선 상으로 천에서 뗀다.

⑥ 선염이라고 하는 것은 생각하지 않는 편이 좋다. 이 염료는 어디까지나 수지의 힘을 빌어 고착시키는 것이기 때문에 터벅터벅한 염료만 함유하고 있는 쇄모를 사용해서 섬유의 표면을 핥는 듯이 작업을 하면 작품은 마찰에도 세탁에도 약한 것이 된다. 천의 안까지 완전히 염료가 들도록 작업을 하는 편이 마무리가 깨끗하다.

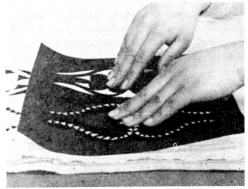

첫째 형지아이 연결을 주외하고 기본 형지를 둘째 세째 형지 놓기로 스미게 한다.

⑦ 번지는 동안에 형지가 점점 말라 오면 항상 쇄모가 대고 있는 곳은 젖어 있으므로 형지는 늘어나지만 가장자리 부분은 마르기 때문에 형지가 천에 닿지 않고 띄우는 일이 어려워진다. 이때는 형지를 물에 담그고 형지가 평평하게 되돌아 가는 것을 기다린다. 형지의 표면에 바인더 수지가 말라서 필름 상태가 되어 부착되므로 이것을 손가락 끝으로 문지른다. 형지가 되도는 대로 평평해지면 이것을 신문지 사이에 끼우고 수분을 빼고 나서 번지게 한다.

⑧ 하나의 형지를 끝내면 다음 형지로 들어간다. 이렇게 해서 장수만 끝났을 때 비로소 디자인한 자신만의 염색천이 생겨나는 것이다. 이 천은 이 세상에서 한 점 밖에 없는 오리지날 작품이 된다. 누구라도 반드시 애착을 느끼는 순간이다.

안료수지 염료

여기에서 안료수지 염료에 대한 주의를 들어 본다.

① 컬러는 안료의 극미립자가 분산제에 의해 흙 상태 혹은 액체 상태로 분산된다.

② 바인더를 구성하고 있는 물질은 다음의 두 가지이다. 우선 하나는 접착제 역할을 하는 수지를 용제에 풀고 부화된 물질이며 컬러를 천에 접착시켜 말리면 투명한 피막을 만든다. 다른 하나는 컬러나 부화된 수지를 천에 침투시키고 수지가 천에 들었을 때의 경화를 방지하며 물에 녹인 유백색의 휘발성 유연제이다.

③ 이 염료로 작업할 때의 장소로는 해가 잘 드는 곳, 통풍이 잘 되는 곳 (환풍기의 옆) 등은 부적당하다. 접시의 염료는 휘발성이므로 점점 증발하여 딱딱해진다. 동시에 색이 변한다. 접시에서 보는 염료의 색은 진해지지만 수지가 투명한 피막에 포함된 컬러는 천에 번지게 해 보아도 색이 입혀지지 않게 된다.

스미는 염색 순서

첫째 형지

둘째 형지

세째 형지

네째 형지

다섯째 형지

여섯째 형지

번지는 염색

4. 형지 날염〈형염의 순서〉

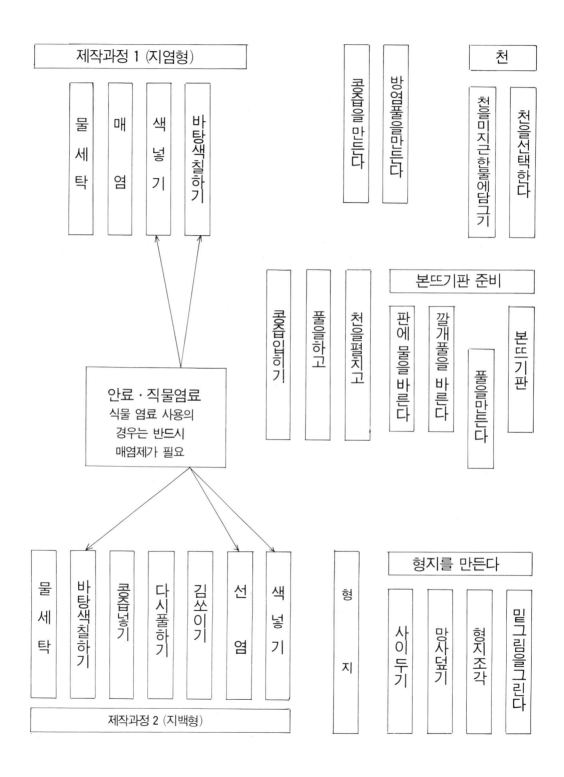

형지 날염

공예 염색에서는 방염제로 하는 풀을 이용해서 모양을 나타낸다. 이 방법에는 형지를 이용해서 풀하기 방염을 하는 것과 통을 이용해서 풀방염을 하는 방법이 있다. 풀염은 우리 나라에서 오래전부터 사용되고 있는 기법으로 소문염, 중형염, 홍형은 전자이고 우선염은 후자에 속하는 것이다.

형염의 기본을 알기 위해 우선 지염형으로 목면을 염색해 본다. 지염형은 모래를 뿌리듯이 하는 것이나, 풀하기 작업이 비교적 간단하므로 처음으로 염색하는 초보자도 즐거이 할 수 있을 것이다. 밑그림은 송죽매 모양을 생각해서 트레이싱페이퍼에 그린다. 이 모양은 쿳션, 테이블센터 등으로 하며 간격을 두고 모양을 연속시키면 응용 범위가 넓어진다. 밑그림으로 형지를 조각하지만 조각하면서 바탕색과 사이사이 배색을 생각하는 것도 즐거운 일이다. 이 제작 과정에서는 바탕색에 식물성 염료인 붉은 앙금을 칠하고 명반으로 매염해서 파란 기가 도는 노랑색으로 발색시키고 색넣기에는 안료인 황토를 구워서 만든 안료, 베로 먹물을 사용하고 있다.

형지 조각

밑그림을 기초로 해서 형지를 조각하기 시작한다. 너무 밑그림에 얽매이면 형지에 힘이 없어진다. 그림을 그리는 기분으로 밑그림에 흥취가 없는 곳은 칼로 적당하게 고치면서 조각한다. 피료한 곳에 사이를 넣는다.

모래칠의 준비

형지 조각의 준비물

①밑그림 (트레싱페이퍼나 미농지) ②형지 ③형지 조각판 (전용판이 시판되고 있지만 베니어판으로도 좋다) ④형지 조각칼 ⑤세공납

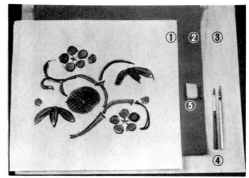
형지 조각의 준비물

망사 덮기 사이 두기

조각한 형지를 보강하기 위해서 모래를 래커 (lacquer)로 바른다. 사이 두기는 바른 래커가 마르지 않는 동안에 안에서 잘라낸다.

망사 덮기의 준비물

①망사 ②검정 래커 ③래커 신나 ④쇄모와 보울 (bowl) (래커 전용) ⑤분무기 ⑥기타 신문지

1. 형지 조각판 (시판되는 형지 조각판이나 베니어판)에 형지를 놓고 세공납을 평평하게 바른다.
2. 납을 바른 형지 위에 밑그림을 놓는다 (형지 주위에 충분히 여유를 준다.)

형지조각

3. 주름이 생기지 않도록 주의하면서 손으로 잘 문지르고 밑그림을 형지에 붙인다.

4. 형지 조각칼은 사용하기 전에 칼날을 확인하고 필요가 있으면 숫돌로 갈아 놓는다.

5. 형지 조각판에서 세세한 부분부터 조각하기 시작한다. 모양이 큰 곳을 먼저 조각하면 손가락을 긁혀서 형지를 파손할 염려가 있다.

6. 밑그림에 너무 얽매이면 힘이 없어진다.

7. 조각이 끝난 사진. 사이 두기 (화살표)가 잘리지 않도록 주의한다.

8. 조각이 끝나면 세세한 부분을 훼손하지 않도록 주의하면서 밑그림을 가만히 뗀다.

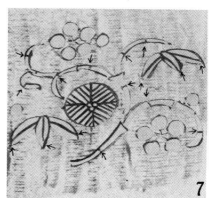

9. 부드러운 목면에 신나를 함유시키고 형지에 붙어 있는 세공납을 충분히 닦는다.

10. 주름이 없는 신문지 위에 형지를 놓고 형지와 같은 크기로 자른 망사를 결대로 덮는다.

11. 망사 위에서 조심스럽게 전체에 분무한다.

12. 신문지 사이에 끼워서 잠시 두고 형지에 망사를 덮는다.

13. 검정 래커와 래커 신나를 반반씩 그릇에 담고 잘 섞는다.

14. 형지 위에 망사를 덮은 채로 상부에 검정 래커를 바른다. 이때 손으로 눌러서 망사가 비뚤어지지 않도록 한다.

9

12

10

13

11

14

15. 상부에 바른 검정 래커가 마를 때까지 그대로 2∼3분 정도 가만히 둔다.

16. 다음에 가운데를 옷감결대로 칠하고 왼손으로 누른 후 오른쪽 반을 망사가 비뚤어지지 않도록 주의하면서 가만히 바른다.

17. 오른쪽 반을 다 바르면 왼쪽 반도 같은 요령으로 칠한다.

18. 천체를 무리 없이 칠한다. 때때로 아래에 펼친 신문지를 바꾸고 망사의 결이 줄지 않도록 한다.

19. 래커가 마르지 않은 동안에 형지를 안으로 뒤집어 연결 부분을 정성스럽게 자른다.

20. 입맥 끝의 연결을 잘라낸 사진. 망사를 자르지 않도록 주의한다.

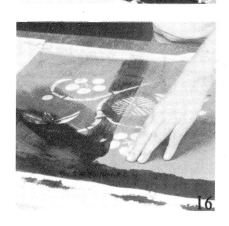

21. 같은 방법으로 나머지 연결 부분을 전부 잘라간다.

22. 연결 부분의 사이 두기가 끝나면 형지보다 밖으로 나와 있는 나머지 망사를 잘라내고 깨끗하게 정리하면 이것이 형지의 완성이다.

완성된 형지

방염풀

방염풀에는 찹쌀을 갈아서 만든 것을 사용하지만 점성이 너무 강하므로 시판되는 쌀겨를 첨가해서 점성을 억제시킨다. 비율은 찹쌀 4, 겨 6이 보통이고 이것에 석재와 소금을 첨가한다. 석재는 방부제로서 풀을 입히기 위하여, 소금은 습기를 주고 풀을 연하게 함과 동시에 풀이 말랐을 때 접히지 않게 하기 위해서 넣는다.

방염풀의 준비물

①찹쌀 ②쌀겨 ③석재 ④소금 ⑤체 ⑥주걱 ⑦컵 ⑧미지근한 물 ⑨그릇 또는 남비 ⑩막대기

1. 찹쌀과 겨를 4 : 6의 비율로 재서 각각을 미온수에 개어 그릇에 담는다.
2. 잘 혼합되면 미온수를 조금씩 넣어 젓는다.
3. 그릇 안에서 잘 반죽한다. 이때 반죽이 덜 되면 삶았을 때 허물어지므로 주의한다.

방염풀을 만든다.

4. 잘 반죽한 것을 6개 정도로 나누어 둥글게 만든다. 이것의 가운데를 손가락으로 눌러서 열처리하기 쉽게 한다.

5. 그릇 (남비)에 물을 넣고 끓으면 반죽을 넣어 바닥에 닿지 않도록 주걱으로 가만히 휘젓는다.

6. 끓기 시작해서 10분 정도 지나면 반죽 표면이 부풀어 오른다.

7. 다 삶아지면 다른 그릇으로 옮긴다.

8. 뜨거울 때 막대기로 잘 반죽한다. 시간을 두면 반죽 표면이 말라서 좋은 풀이 되지 않는다.

9. 석재 (1/5 컵)를 미온수에서 풀어 조금씩 더해가면서 잘 반죽하면 풀의 색이 노랗게 되고 윤기가 난다.

10. 다음에 소금(작은 수저로 2개 정도)을 넣고 잘 반죽한다.

11. 남은 미온수에 즙을 조금씩 넣고 적당히 굳혀서 방염풀로 완성시킨다.

12. 그릇 주위에 묻은 풀을 주걱으로 긁어 풀이 굳지 않은 동안에 물을 발라 둔다.

본뜨기판·깔개풀

형염에서 풀하기에는 천이 움직이지 않도록 붙이는 판이 필요한데, 표면이 까칠까칠하지 않아야 한다. 이 판에 미리 풀칠을 해 둔다.

깔개풀의 준비물

①찹쌀 ②그릇 ③막대기 ④주걱 ⑤케익 만들 때 사용하는 스텐레스 제품

1. 깔개풀은 방염풀과 달리 찹쌀만으로 만든다. 우선 미온수를 조금씩 넣으면서 잘 반죽한다.

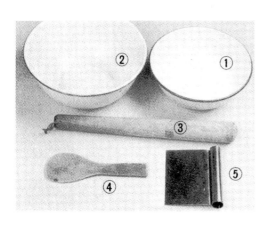

2. 잘 반죽되면 방염풀 때와 같이 가운데를 움푹 파서 동그랗게 만든다.

3. 동그랗게 되면 그릇 바닥에 닿지 않도록 주의하면서 끓인다. 삶아지면 부풀어 오른다.

4. 삶아진 반죽을 다른 용기에 넣고 식기 전에 막대기로 재빠르게 잘 반죽한다.

5. 삶은 즙을 조금씩 넣으면서 잘 이겨서 깔개풀을 완성한다.

6. 깔개풀이 되면 본뜨기판에 바른다. 주걱으로 쇠판에 풀을 발라서 본뜨기판 위에 바른다.

7. 바른 풀을 평평하게 칠해서 뭉쳐 있지 않도록 한다. 판 전체에 풀을 바르고 마를 때까지 기다린다.

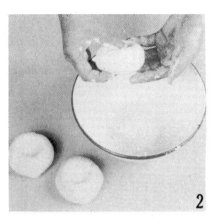

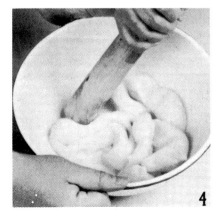

풀하기 (본뜨기)

깔개풀이 발라진 본뜨기판에 쇄모로 물을 가볍게 바르고 천을 붙여 고정시킨다. 미리 물에 적셔 부드럽게 해 놓은 형지를 놓고 방염풀을 주걱으로 발라간다. 이것을 「풀하기 (본뜨기)」라고 한다. 주걱은 대·소 여러 가지가 있지만 모양이나 형지의 크기로 선택한다. 여기서는 약 9㎝ 것을 사용한다.

풀칠 준비물

①형지 ②방염풀 ③헤라 (약 9㎝의 것) ④주걱 ⑤목면 (미온수에 담궈서 양끝을 결대로 잘라 감아 둔다) ⑥밀대·늘림기 (밀대에 그림과 같이 끈을 단다)

1. 깔개풀 본뜨기판 전체를 수쇄모로 적신다.
2. 천의 끝을 본뜨기판 방향으로 직각이 되게 놓고 천 끝 10㎝ 정도의 곳을 결이 구부러지지 않도록 고정한다.

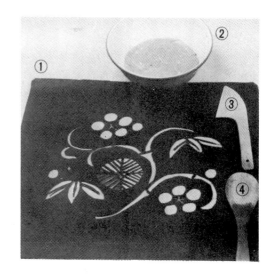

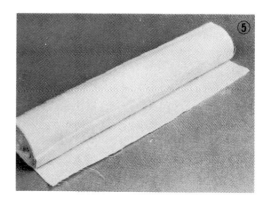

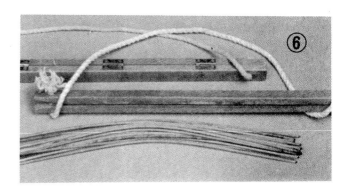

3. 천이 비뚤어지지 않도록 주의를 하면서 판 위에 가만히 놓는다.

4. 천의 중심을 가볍게 손바닥으로 누르고 다음에 양손으로 천을 본뜨기판에 붙여 간다.

5. 같은 순서로 본뜨기판에 붙여 간다 (천이 느슨해지지 않도록 주의)

6. 천의 양귀를 본뜨기판에 잘 밀착시키고 마지막으로 전체를 잘 문질러서 전면을 평평하게 한다.

7. 미리 물에 담궈 둔 형지를 물에서 꺼내 타올이나 신문지 사이에 끼워서 물을 없앤다.

8. 본뜨기판에 붙여 둔 천의 양끝 위치에 형지를 놓는다.

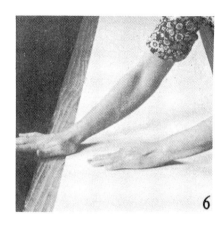

9. 형지의 위치가 결정되면 헤라로 풀을 내린다. 우선 주걱으로 풀을 퍼서 헤라에 평평하게 바른다.

10. 형지 상부에 가볍게 누르는 듯이 풀칠을 한다.

11. 왼손으로 가볍게 형지를 누르고 건너편 쪽으로 풀칠을 한다.

12. 헤라를 돌려 손앞에 풀칠을 한다.

13. 헤라로 건너편과 손앞을 번갈아 가며 구석까지 남지 않도록 잘 풀칠한다.

14. 일률적으로 풀칠을 한 상태의 사진

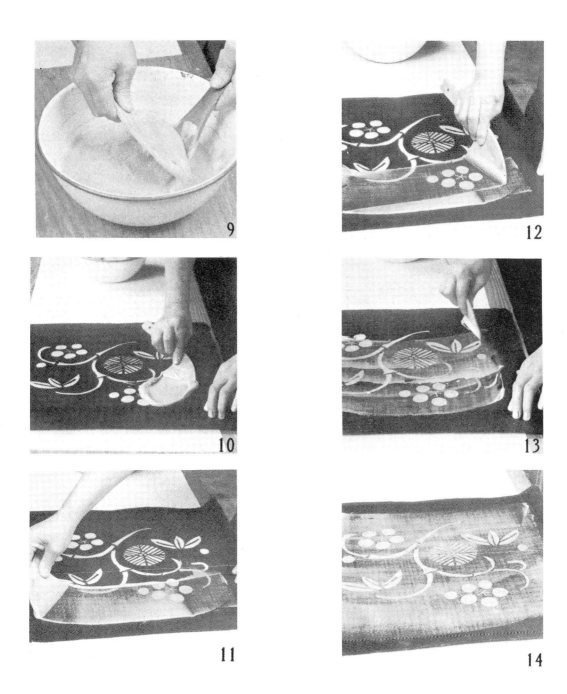

15. 형지의 상부 양 모퉁이를 쥐고 가만히 천에서 떼어 낸다.

16. 천에 풀칠한 형지를 흩어지지 않도록 주의하면서 들어 올린다.

17. 오른손을 아래 모퉁이로 바꿔 지고 천의 다음 위치에 형지를 가만히 놓는다.

18. 사진 9~16과 같은 요령으로 풀칠을 계속해 간다.

19. 풀칠이 끝난 상태의 사진 (남은 풀에 래커를 넣어 냉장고에 보관하면 2~3일 보존할 수 있다)

20. 다음에 밀대 바늘이 달려있는 쪽을 천 아래에 대고 천끝 1cm 정도의 곳을 결을 따라 바늘로 꽂는다.

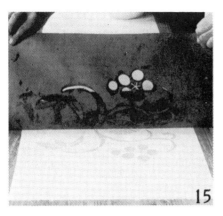

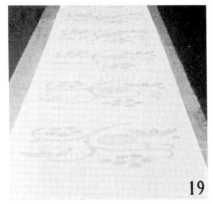

21. 밀대 상하를 합쳐서 양쪽에 달려 있는 끈을 당기고 본뜨기판에서 떼어낸다. (다른 한쪽도 같은 방법으로 한다)

22. 밀대를 걸면 천이 비뚤어지지 않도록 엇갈리는 곳에 끈을 돌려 놓는다. (반대쪽 밀대도 같다)

23. 양쪽 밀대 끈에 각각 다른 끈을 묶는다.

24. 해가 잘 드는 밖에 널어 놓는다.

25~26. 천 안쪽에 늘림기를 댄다. 대는 법은 우선 건너편의 천끝에 늘림기 바늘을 꽂고 (사진 25) 다음에 왼손으로 앞의 왼쪽 끝을 당기면서 손앞에바늘을 꽂는다 (사진 26). 늘림기는 합쳐서 오른손으로 쥐도록 한다.

27. 10㎝ 정도의 간격으로 전체에 늘림기를 단다.

28. 늘림기를 대고 나면 해가 잘드는 곳을 골라서 충분히 말린다.

밀대끈 묶는 방법

　집 밖에서 말리고 있을 때 비가 내릴 때 재빠르게 거두어 들이지 않으면 모처럼의 노력이 헛수고가 된다. 그림과 같은 요령으로 묶으면 빨리 묶을 수 있고 게다가 풀 때는 간단하게 풀 수도 있다. 매듭은 점점 마무리된다. 둥근 매듭을 하면 풀 때 대단히 고생을 하므로 매듭 방법에 주의한다.

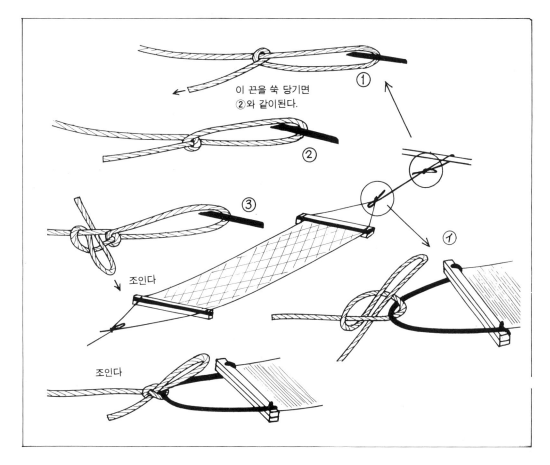

이 끈을 쑥 당기면 ②와 같이된다.

① ② ③

조인다

조인다

콩즙과 콩즙 입히기

콩즙은 방염풀을 굳히고 지금부터 바를 염료나 안료가 풀을 한 천 안에 스며드는 것을 방지한다. 전에는 큰 콩을 하룻밤 물에 담가 두었다가 절구에 찧지만 현재는 큰 콩을 가루로 만든 것을 시판하고 있으므로 주머니에 이것과 석재 (방부제)를 넣고 짠다. 1회째 (1번 콩즙)는 안료를 용해시킬 때 사용하고 2회째 (2번 콩즙)는「하두」라고 하며 콩즙 입히기에 사용한다. 쇄모는 15㎝ 정도의 것이 적당하다.

콩즙의 준비물

①큰 콩가루 (시판되는 것) ②석재 ③주머니 ④그릇 ⑤쇄모

1. 콩가루를 주머니에 넣고 콩가루 분량의 3배의 물에 잠시 감갔다가 불린다.
2. 콩가루가 불려지면 작은 스푼으로 1수저의 석재를 넣는다.
3. 주머니에 넣고 충분히 짠다. 만든 콩즙을 1번 콩즙이라고 한다.

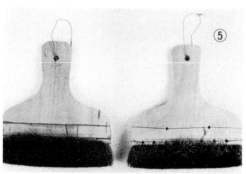

4. 다음에 짠 앙금을 주머니에 넣은 채로 한번 더 적당량의 물을 넣고 짠다. 이것을 2번 콩즙(하두)이라고 한다.

5. 2번 콩즙을 쇄모(약 15cm)에 잘 묻혀서 그릇 가장자리에서 가볍게 떨군다.

6. 천 오른쪽 끝에서 30cm폭 정도씩 평평하게 콩즙을 바른다. 이것을 콩즙 입히기라고 한다.

7. 왼쪽 끝까지 다 바르면 애벌 쇄모(콩즙을 묻히지 않는다)로 오른쪽 끝까지 한 번 더 되돌린다.

8. 표면 애벌 쇄모가 끝나면 안에서도 콩즙이 번지도록 애벌 쇄모로 문지른다.

9. 콩즙 입히기가 끝나면 해가 잘 드는 곳에서 단시간에 말리는 것이 요령이다.

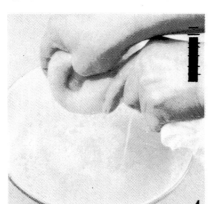

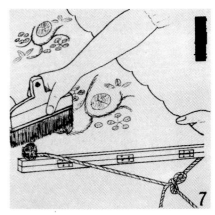

바탕색 칠하기

여기서는 바탕색에 식물 염료인 붉은 앙금을 바른다. 붉은 앙금은 버터 반 파운드 정도의 고체로 시판되고 있다. 바탕색 칠하는 법은 콩즙 입히기 때와 같다. 쇄모도 15㎝ 정도의 것이 좋다. 한 번 칠한 바탕색이 마르면 먼저의 염료를 조금 물로 엷게 하고 두번째를 같은 요령으로 칠한다. 반드시 날씨가 좋은 날 오전 중을 골라서 작업을 하도록 한다.

1. 붉은 앙금 반 정도를 약 1시간 끓여 그대로 2~3일 방치하고 가만히 가라앉혀 그릇에 담고 적당히 엷게 한다.

2. 콩즙 입히기와 같은 요령으로 앙금을 바른다 (천 안에는 쇄모를 하지 않는다)

3. 바르고 나면 한 번 애벌 쇄모로 되돌린다.

4. 바른 앙금이 마르면 두번째를 같은 요령으로 바른다.

5. 두번째 바른 바탕색이 마르면 해가 잘 드는 장소에서 충분히 건조시킨다.

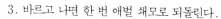

색칠

두번째 바탕색이 마르면 색칠한다. 이와 같이 바탕색을 칠한 후에 색칠이나 선염하는 것을 「색입히기」라고 한다. 색칠의 형태, 대소, 색수대로 쇄모를 준비한다. 여기서는 안료인 황토 안료와 베로와 먹물 세 가지 색이므로 쇄모 3개를 준비한다. 천에 스미도록 바르고 너무 진하게 발라서 결을 손상하지 않도록 한다.

1. 작은 접시에 황토 안료를 넣고 1번 콩즙을 넣어 손가락으로 젖는다. 콩즙을 조금씩 넣고 적당한 농도의 색으로 한다.
2. 베로는 작은 접시에 담고 물로 풀어서 기호에 맞는 색이 되도록 만든다.
3. 다음에 먹물을 작은 접시에 조금 담고 동량의 콩즙을 더해서 잘 섞는다.

색칠 쇄모

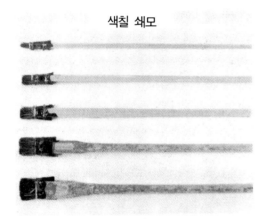

■ 배색도 ■

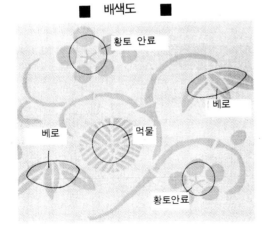

황토 안료

베로

베로 먹물

황토안료

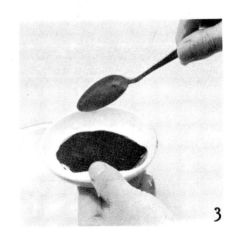

102

4. 쇄모를 직각으로 세워서 바깥에서 안으로 평평하게 바른다. 한 가지 색을 전체에 바르고 나서 다음 색으로 옮겨 간다.

5. 매화는 황토 안료, 대나무는 베로, 소나무는 먹물로 색을 입힌다. 앞 페이지의 배색도를 참조한다.

6. 색칠이 끝난 사진이다. 색칠이 끝나면 해가 잘 드는 곳에서 충분히 말린다.

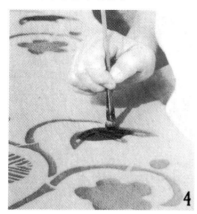

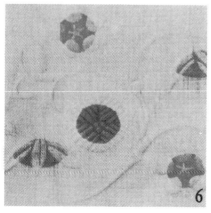

매염

　바탕색에 바른 붉은 앙금은 식물 염료이므로 매염이 필요하다. 색칠을 하고 나서 하루 정도를 잘 말린 후 명반으로 매염한다. 반드시 해가 잘 드는 곳일 것. 해가 잘 들지 않으면 좋은 발색을 하지 않는다. 가볍게 골고루 바른다. (콩즙 입히기 때와 같이 힘을 주어 바르면 색칠할 때 색이 움직여 바탕색을 더럽힐 염려가 있으므로 주의한다)

1. 큰 수저로 명반 2스푼을 그릇에 담고 미온수로 풀고 용해되면 물을 더해서 1 l 정도로 한다.

2. 쇄모에 명반을 푼 액을 듬뿍 묻혀서 가볍게 골고루 발라 간다. 바르고 나면 충분히 말린다.

물세탁

방염풀이나 나머지 매염제 등을 탄 세탁을 물세탁
이라고 한다. 매염 후 말리면 늘림기를 떼고 밀대를
뺀 후 크게 접어 거두어 들인다. 2~3일 공기에 쏘
이고 안료와 염료를 입혀서 날씨가 좋은 날을 골라
서 물세탁을 한다. 물을 듬뿍 담은 큰 용기를 준비
한다. 풀이 떨어짐에 따라 모양이 나타난다.

1. 왼쪽 끝에서부터 주름이 지지 않도록 물에 담그
고 천 전체가 부풀지 않도록 주의하며 1시간 정도 둔
다.

2. 움직이면 천에서 풀이 떨어져 부풀어 오르는데,
천 귀를 비스듬한 방향으로 당기면 풀이 천에서 떨
어진다.

3. 비스듬한 방향으로 교차해서 당겨 가면 풀은 거
의 떨어진다. 물을 바꾸며 한 두번 반복한다.

4. 다음에 천을 물에 띄우고 호오키로 빗질하듯이 가
볍게 쏠면 앙금같은 것이 떨어진다.

5. 풀이 남아 있는 곳이 없는가 천 천체를 잘 조사해
서 한 번 더 물을 바꿔 마지막으로 헹구어 천 끝에서
부터 병풍을 접는 것처럼 물에서 들어 올린다.

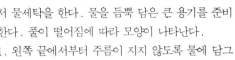

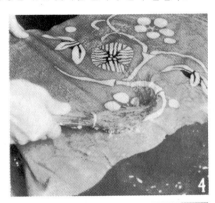

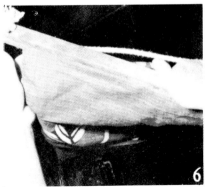

6. 천끝의 결을 바르게 하고 밀대에 건다. 다른 한 쪽의 천끝에도 같은 방법으로 밀대를 건다.

7. 문밖에 내어 안쪽을 위로 해서 충분히 말린다. 이 때 늘림기는 말지 않는다. (사진은 겉면이 위)

<소문(小紋)・중형(中型)>

형지를 사용해서 모양을 표현하는 방법은 예전부터 행해지고 있는 것이지만 방염제로 풀이 사용되게 된 것은 그리 먼 일이라고 할 수 없다. 이 형염에 소문염・중형염이 있다.

소문염은 작은 무늬의 흐름을 짜 맞춘 것으로, 풀을 한 면에만 색을 하는 인염은 단순한 맛이 있으며 독특하고 우아한 풍취를 닿고 있다. 회화적인 그림은 거의 없고 단순한 문양의 반복이다. 그러나 문양의 종류는 많아 잘게 각이 있는 문양이나 둥근 무늬, 상어무늬, 단색 국화 등 천차만별이다. 이런 무늬는 현재도 많이 사용되고 있는 것들이다.

소문과 나란히 중형도 모양 염색이다. 소문형, 중형이라는 명칭은 원래는 형지의 크기에서 온 것이지만 언제부터인가 중형은 다르게 불리기도 했었다. 중형은 소문과 달리 회화적인 그림도 적지 않다. 염색 기법도 소문과 다르고 침염법으로 하므로 방염풀을 천 양면에 하지 않으면 기술적으로도 세심한 주의가 필요하다.

이런 형지는 각지에서 만들어져 많이 남아 있다. 그러나 현재 그 수가 많지는 않다. 형지만으로도 충분히 아름다운 것이다.

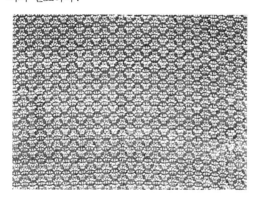

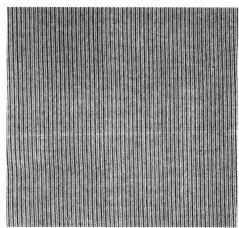

〈작품 — 소나무 잎 모양〉

염색천 : 명주

염료의 종류 : 이르가란 (산성 염료)…빨강, 주황, 노랑, 녹색.

제작상의 요점 : 바탕을 염색하는 형태로 풀을 한 후 빨강, 주황, 노랑을 혼색해서 바탕을 염색한다. 바탕 염색에 사용한 진한 염료 소량에 녹색을 조금 넣어 벽돌색으로 만들고 선염한다. 이것을 김쏘이기를 해서 마무리한다.

〈작품 — 꽃과 새의 작은 겹침 문양〉

염색천 : 명주

염료의 종류 : 안료…붉은 안료 석황 (노랑색) 양홍×콩즙 (적보라색) 양홍×남봉 (청보라색) 양홍×콩즙 (분홍색) 먹물×콩즙 (재색) 식물 염료…남 (藍)

재작상의 요점 : 꽃과 새가 있는, 바탕이 하얀 형태로 풀을 한 후 그림을 참조하여 붉은 안료, 석황, 양홍과 먹물, 양홍과 남봉, 분홍색, 회색을 칠하고 김을 쏘이며 형지로 양홍을 문질러서 스며들게 바르고 형지로 풀을 하고 남으로 바탕을 염색한다.

〈작품 — 홍형(紅型)〉

　최근 홍형을 응용한 염색품을 많이 볼 수 있으며 홍형도 문양 염색이다.

　홍형은 한 장 형지를 응용한 풀을 이용해서 하는 방염법으로 견, 목면, 마 등의 천에 역사, 풍물을 자유로이 취급한 그림을 빨강, 노랑, 녹색 등으로 상쾌하게 염색한 아름다운 염색이다.

　형은 형지라고 할 뿐 아니라 문양이라는 의미도 포함하고 있다.

〈작품—모란 무늬의 홍형(紅型)〉

염색천 : 명주

염료의 종류 : 안료…양홍(빨강색) 석황(노랑색) 석황×남봉(녹색) 붉은 안료 양홍×먹물(적보라색) 양홍×남봉(청보라색) 먹물(검정색) 식물 염료 …남

제작상의 요점 : 바탕이 하얀 형태로 풀을 한 후 그림을 참조하여 양홍, 석황, 석황과 남봉, 양홍과 먹물, 양홍과 남봉, 먹물을 각각 색을 칠하고 김을 쏘인 후 다시 풀을 하고 남으로 바탕을 염색해서 마무리한다. 홍형을 나열한 작품이다.

〈작품—산수화 붉은 잎(홍엽)〉

염색천 : 명주

염료의 종류 : 안료…양홍(빨강색) 양홍×콩즙(분홍색) 석황×남봉(녹색) 양홍×먹물(적보라색) 양홍×남봉(청보라색) 붉은 안료, 옥색.

제작상의 요점 : 바탕이 하얀 형태로 풀을 한 후 컬러로 그림을 참조하여 양홍, 양홍을 콩즙으로 엷게 한 분홍색, 석황과 남봉, 양홍과 먹물, 양홍과 남봉, 붉은 안료 등으로 색을 칠하고 김을 쏘인다. 그 위를 다시 풀을 하고 베로로 바탕을 염색한다. 오래된 홍형을 묘사한 것이다.

〈작품—꽃바구니〉

염색천 : 명주

염료의 종류 : 안료…붉은 안료. 석황(노랑색) 양홍×먹물(적보라색) 양홍×남봉(청보라색) 석황×남봉(녹색) 먹물(검정색) 보라색×콩즙(엷은 보라색)

제작사아의 요점 : 바탕이 하얀 형태로 풀을 한 후 컬러로 그림을 참조하여 붉은 안료, 석황, 양홍과 먹물, 양홍과 남봉, 석황과 남봉, 남, 먹물, 엷은 보라색을 각각 색을 칠하고 선염을 가한다.

　화초를 뜯어서 바구니에 꽂고 그것을 홍형 식의 무늬로 종합해 본 것이다.

〈작품-송죽매(松竹梅)와 학 거북이 보자기〉

염색천 : 목면

　이것은 진한 남색에 송죽매와 학 거북이 모양이 선
명하게 염색되어 있어 상당히 인상적이다.

소나무, 대나무, 매화와 학과 거북의 모양을 훌륭하
게 염색해 냈다.

〈작품-모란 당초 보자기〉

염색천 : 목면

염료의 종류 : 안료…먹물(검정색) 식물

염료…남(藍)

제작상의 요점 : 아래 그림을 그린 천에 통그림을 하
고 검정색으로 선염해서 엷은 남색으로 염색하며 꽃
과 잎사귀 일부분을 다시 풀한다. 재차 진한 남색으
로 염색해서 마무리한다.

모란 당초를 남형으로 염색한 것이다.

〈작품-잎 모양〉

염색천 : 명주

염료의 종류 : 식물 염료…남 안료…양홍(빨강색)
먹물(검정색)

제작상의 요점 : 명주에 풀을 한 후 빨강색 한 색으
로 잎과 나무 열매인 동그란 무늬를 염색하고 잎 중
심과 잎 뿌리를 선염한다. 김을 쏘이고 잎 무늬와 나
무 열매를 남기고 다시 풀을 하고 남으로 바탕을 염
색한다.

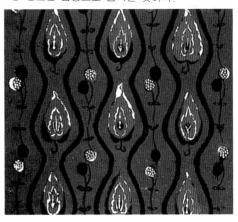

제작과정

① 가능한한 진한 색 형지로 본뜨기한다. 형지는 완전하게 왼손으로 움직이지 않도록 누른다.

④ 같은 방법으로 네째 형지를 놓는다.

② 첫째 형지가 완전히 건조되면 둘째 형지를 놓는다.

⑤ 무늬 부분이 완전히 마르면 바탕색이 될 색풀을 헤라로 훑는다

③ 둘째 형지가 완전히 건조되면 세째 형지를 놓는다.

⑥ 곱게 빤 가루를 채루 전체에 뿌려 천끼리 달라붙는 것을 방지한다.

⑦ 전체에 가루가 뿌려지면 풀판에서 천을 뗀다.

⑩ 시간이 되면 찜상자의 뚜껑을 열고 열기를 뺀다. 천을 식히고 나서 꺼낸다.

⑧ 천 안면을 분무기로 건조시키고 있는 무늬 부분에도 충분히 물기를 준다.

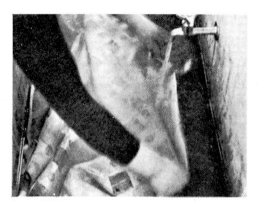

⑪ 충분한 물에 넣고 재빠르게 천을 움직이며 흐르는 물 상태로 해서 천의 풀기를 뺀다.

⑨ 이 상태로 쪄서 상자 안에 매단다. 찌는 시간 45~50분

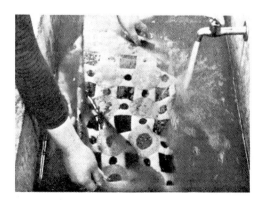

⑫ 대각선으로 천을 당기며 풀기를 뺀다.

⑬ 나중에 흔들어 세탁해서 완전히
풀기를 뺀다.

색고정에 필요한 용구와 약제

천 끝부터 차례로 넣도록 하며 색
고정액 안에 담근다. 시간은 약
20 분간

5. 스크린 날염

20세기가 막 시작할 무렵 영국 직물 산업은 번창기였다. 일례로 1901년에 날염 염색 직물 생산이 13억 2천 6백만 야드에 이르렀으며, 그 중 91퍼센트가 수출되었다. 이것은 1964년에 단지 2억 7천 2백만 야드 정도가 생산되어 그 중 32퍼센트만이 수출된 것과 비교해 볼 때 좋은 보기가 된다. 1899년에는 캘리코 프린터즈 어소시에이션 (Calico Printers Association)이 결성되었다. 20세기초 당시 약 47개의 날염 공장으로 구성되었다. 그러나 1차 대전이 끝난 후, 날염 품목을 제조하는 다른 나라와 마찬가지로 여기도 불경기를 맞이했다. 1928년에는 이미 몇 개의 공장들이 문을 닫았다. 1930년대에, 유명한 스카티쉬 직물 가문의 일원인 제임스 모튼 (Jemes Morton)은 다음과 같이 썼다.

랭카셔의 제조업자들은 부유한 농장주로 안주하지 않고, 세계의 나머지 나라들이 그들과의 게임에서 갑작스레 그들을 앞지르거나 나란히 할 때, 지금 직면한 상황에 대처해서, 예술, 화학, 기계 쪽에서

새 개발품을 준비했어야 했다.

비록 염료에 있어 획기적인 개발품이 영국에서 나왔을지라도, 이 세기동안 날염 기술에 있어 가장 주요한 개발품은 다른 유럽 나라들, 독일, 네덜란드, 오스트리아, 프랑스, 스위스, 이탈리아 심지어는 포르투갈에서 나왔다는 것은 명백한 사실인 것이다.

국가의 직물 날염에 대한 가장 큰 기여는 핸드 스크린 날염과 그것과 관련되는 기계 장치들이었다. 그러나 패션에 있어서 디자인의 성격을 변화시켰으며, 유럽 전역에 직물(tabics)을 번창하게 한 것은 바로 손 작업 과정이었다.

산업으로서의 핸드 스크린 날염의 가장 큰 중요성은 그것이 창조적이고 상상력이 풍부한 디자이너에게 천에 다양한 아이디어와 효과를 낼 수 있는 방법을 제공했다는 것이다. 무늬는 플라스틱 필름이나 코다트레이스 (kodatrace)위에 손으로 칠해졌고 (사실은 지금도 종종 그렇게 하고 있다), 스크린은 이것으로부터 직접적으로 발전되었기 때문에 결과적으로 천에 스크린 날염될 수 없는것이 종이 위에 채색될 수 있는것은 본질적으로 없다. 이러한 보편화는 실제적으로 자격 요건을 별로 필요로하지 않는데, 그것은 구리 실린더를 새겨 넣거나, 블록을 자를 때처럼 실제적인 변환 과정이 없기 때문이다.

에딘버러 위버즈에 의한 상당히 이른 시기의 스크린 날염 1935에 생산되었고 한스 티즈달이 디자인함.

핸드 스크린 날염의 개발은 아트 실크나 다른 비스코스, 아세테이트, 레이온에 대한 새로운 디자인을 날염하는 방법으로 발견하려는 욕구에 의해서 1920년대와 30년대 초에 성행했다. 이들 새 고급 패션 직물들에 대해서 그 과정은, 느린 손으로 블록하는 방법에 의해 운영하는 것보다 훨씬 많은 양과, 덜 비용이 들고 보다 쉬운 날염을 필요로 했지만, 경제적인 로울러 날염에 대한 욕구 때문에 그렇게 번창하지는 못했다. 일례를 들어 핸드 스크린은 지극히 중간 정도였기 때문이며, 야더지(Yardage) 관점에서 볼 때 이 방법이 쉽게 접근할 수 있는 시대 분위기가 밝은 색과 새로운 자유스런 스타일의 무늬를 요구했기 때문이다.

1930년대 40년대 50년대 초 동안, 영국과 유럽의 양재 가구들은 섬세한 울과 스크린 날염 실크를 자주 사용했다. 1930년대에 공급 직물의 첫 선다워(Sundour)스크린 날염 레인지가 생산되었다. 이 무렵 역시 영국 직물 산업은 체코, 오스트리아, 독일, 헝가리 그 외의 곳으로부터 온 망명자로 구성되었는데, 이것은 유럽으로부터 새 물결을 맞이한 결과로 볼 수 있다. 이들은 그들에게 매우 기교적인 기술뿐만 아니라 디자이너에게 더욱 중요한 컬러와 패턴에 대한 새로운 창조적인 접근 방법을 갖다 주었다. 더욱 계몽된 영국의 제조업자들을 따라 그들은 영국 직물의 디자인 기준으로 스크린 날염하는 기술을 사용했다. 에딘버러 위버즈, 알랜 월톤 텍스타일, 힐즈, 애처, 왜들리스 어브 리즈, 그리고 하록 패션과 같은 회사들은 수동적인 제국 시장에 대한 수출이나 가정 소비품으로서의 값싼 천의 방대한 야더지보다 새롭고, 보정 보조의 디자인, 질적인 직물 등의 생산으로 영국을 점진적으로 알리기 시작했다.

여러 해 동안 곧 1930년대에서 50년대 후반까지 구리 로울러의 사진적으로 새겨 넣기가 영국에서 더욱 보편적으로 사용되기 시작했고, 핸드 스크린 날염은 단지 천에 할 수 있는 디자인을 그리는 데 실험적으로 사용되었을 뿐이다. 스크린을 만드는 데에 비교적 낮은 가격과 컬러링을 쉽게 변화시킬 수 있는 것과를 결부시켜 생각할 때, 이 사실은 디자인 스타일에 있어 급진적인 변화를 가져온 것을 설명해 준다.

알란 월톤 직물을 위해서 던칸 그란트에 의해서 디자인된 스크린 날염 직물.매개적 전환 과정없이 날염된 트레이싱으로부터 직접적으로 날염된 것. 재미있는 모양이 가능함.

영국의 핸드 스크린 날염의 위대한 개척자 중의 한 사람인 알라스테어 모튼은 1946년에 기본 스크린 직물로부터 나온 일련의 직물 곧 브리테인 캔 메이크 잍 이그지비션(Britain Can Make It Exhibition)을 창조했다. 기본 스크린에는 수평 · 수직 스트라이프, 직선 또는 웨이브 스트라이프, 플로워 헤드, 폴카 도츠, 고리 등인데 이들은 같은 모드이다. 그는 스크린 날염으로만 가능하고 다른 과정으로는 할 수 없는 단순한 요소들을 가지고 무한한 다재 다능성을 보여 주었다. 같은 해에 모튼은 하록세스 패션과 병합했는데, 이 회사는 영국에서 패션코튼에 새 아이디어를 개척하는 경이를 보였다. 이것은 아주 성공적으로 코튼이 양질의 날염 직물로서 그 중요성을 받는데 기여했다. 에딘버러 위이브즈는 1923년에 출발했지만 1937년 파리 전람회가 열려서야 비로소 유럽 디자인계에서 그 중요성을 인정받기 시작했다. 2차 대전 후(1955년) 디자인 계는 유럽 전역에서 온 디자이너와 아티스트로부터 의뢰된 일련의 경이로운 직물 디자인으로 원기를 회복했다.

스텐실로부터 스크린 날염으로

날염은 기본적으로 스텐실 과정이다. 어린이들의 스텐실 도구에 있어서 왁스친 종이 스텐실은 꽤 큰 타이즈를 가져야 하고 또 자유로운 무늬는 불가능한 반면에, 날염에 있어서는 어떤 종류의 모양도 날염할 수 있는데, 그것은 실크, 나일론이나 금속 망사 어느 것이라도 기본 스크린의 망사가 컬러가 인쇄 될 때 눈에 보이지 않을 만큼 정교하게 타이즈를 공급한다. 그러나 현대의 모든 스크린 날염은 스텐실의 사용에서부터 시작되었다.

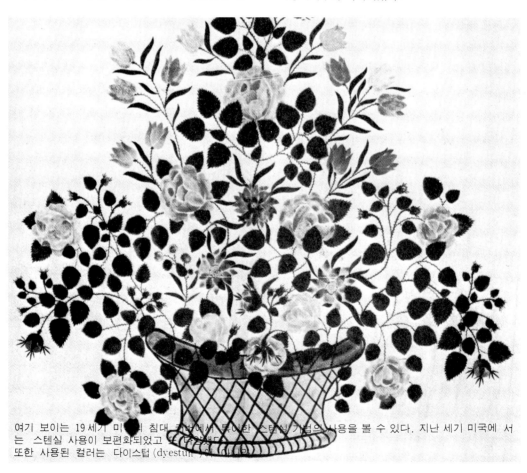

여기 보이는 19세기 미국의 침대 커버에서 톡이한 스텐실 기법의 사용을 볼 수 있다. 지난 세기 미국에 서는 스텐실 사용이 보편화되었고 또한 사용된 컬러는 다이스텁(dyestuff)이 어디에

핸드 스크린 날염
(Hand Screen Printing)

스크린 날염이 처음 개발되었을 때는 전적으로 손으로 했다. 목재 프레임은 정교한 실크와 오건디에 맞게 단단하게 뻗쳐 있고, 그 위로 무늬가 옮겨졌다. 제분기 체를 만들기 위해 사용되었던, 볼팅 실크 (bolting silk)라 알려진 직물에 수년 동안 사용되었다. 이런 특별한 실크로 된 날실을 두 개의 꼬여진 씨실 사이에 고정시킴으로써 무늬가 새겨지는, 완벽히 안정된 기반을 보장한다. (여기에서 '새겨놓다 (engraving)'나 '자르다(cutting)'란 용어는 스크린에 무늬를 옮기는 것을 가리키는 데 사용되었음을 기억해야 한다. 관련된 어떤 분야에서도 기능으로서의 새겨넣기 (engraving)가 아닐지라도, 곧

이 용어는 예전의 구리 실린더 날염으로 후퇴된 것이다). 이 무늬의 옮기기는 니스로 배경을 칠한 가장 단순한 것 (실제로 학교에서 행하고 있듯이)에서부터 사진 체판법적인 기교와 같은 첨단 기법에 이르는 매우 다양한 방법들로 될 수 있었으며, 지금도 될 수 있다. 테이블은 원래 두꺼운 펠트와 빨아도 색이 날지 않는 목화로 뒤를 댄 천으로 덮어 씌운 무거운 목재로 되어 있다. (탄력성 있는 표면은, 좋은 직물 날염을 위해서 스크린, 블록, 로울러보다도 더 전적으로 필수적인 것이다.) 목재는 빨리 뒤틀리기 때문에 금속 테이블이 필요하다는 것을 인식하게 되었다. 그리고 이것은 비교할 수 없는 영향을 주는 경향이었다. 이 새 테이블은 울퉁불퉁한 플로어를 조절할 수 있는 특별한 조절 장치를 또한 갖추고 있다. 약 60 야아드 가량이 테이블의 최대 길이에 유효 적절한 길이다. 곧 여러 가지의 이유로 해서 보다 긴 길이는 실제로 이로운 이익이 없다.

대학 설비에 알맞은 소형 스크린 날염 테이블. 측면의 스팁(stop)과 가이느 레일에 맞춰 찍기(registration)에 목적이 있음에 주의.

테이블의 한 쪽 면에 가이드 레일 (guide rails), 스탑 (stops)과 블라키트 (brackets) 등의 시스템이 있는데, 이것들은 날염하는 사람이 각 스크린의 정확한 측량을 구하도록 해 준다. 곧 스크린이 거의 정확한 치수와 위치에 있을 때 보다 정확하도록 조절해 주는 스크린 프레임에 있어 블라키트와 스크류와의 연결이 된다.

목재 스크린 프레임은 보다 안정되고 오랜 동안 견딜 수 있는 금속으로 만든 프레임으로 교체되었다. 원래 고무 롤러 (squeegee)나, 스크린 그물망을 통해 컬러를 인쇄하는 데 사용한 보정기는 나무로 만들었었는데, 딱딱한 고무면이 더욱 더 만족스럽다는 것을 알고는 나무에 고무를 부착시켰던 것이다. 고무 롤러는 장비 중에서도 중요한 부분이다. 완벽하게 좋으려거든 또는 불균등한 날염의 발생을 일으키는 불규칙적인 원인을 없애려면 고무 롤러를 항상 세심히 살펴 보는 것이 중요하다. 필요한 컬러의 농도를 맞추기 위해선 한 개, 두 개 혹은 보다 많은 스트로크가 필요하다.

만체스트 폴리테크닉의 마지막 학기 학생인 안네의 단일색 디자인. 트레이싱 위에 체색된 티미트의 반복을 가리키는 커팅 라인과 대각선으로 그려진 것을 반복하고 있음을 보여줌

스트레칭 장치의 한 유형인 뻗쳐진 스크린. 브러쉬와 패드를 지닌 핀들 위로 직물에 압력을 받으며, 핀을 움켜잡은 플레이트가 최대 '압력이 미칠 때 까지 프레임 전체을 차례차례 죄인다. 접착물은 스크린 프레임의 표면 위로 채색되며 건조되기 위해 남겨진다.

플랫 스크린 날염(Flat Screen Printing)

산업으로서의 개발 초기로부터 스크린 날염은 많은 공장에서 전적으로 손 과정을 배제했을지라도, 기계의 에이드에 의해 정도를 변화시키는 데에는 보조적인 것이었다. 예를 들면 이들 에이드(aid)들은 스크린 리프팅(lifting)의 다양한 수단인 자동 날염 테이블로 구성되어 있으며, 다른 유형의 고무 롤러를 보조하고 천 운동을 자동화하는 것이다.

1954년에야 비로소 완전 자동 플랫베드 머신이 작동되기 시작했다. 로울러에 고무를 바름으로써 천의 피이드인으로부터 고무 롤러의 운동 수를 다양하게 하는 날염, 그리고 테이블로부터 천의 조절된 리프팅까지, 그리고 건조 캐비넷으로 과정을 끝마치기까지 모든 단일 과정을 기계화했다. 실제상으로는 날염을 기계화 하는 데 관련된 여러 가지 다양한 문제의 해결이 수많은 흥미있고 교묘한 방법으로 시도

되었지만, 기본적으로는 모든 플랫베드 대신의 작동은 같다. 네덜란드, 스위스, 오스트리아, 이탈리아 등은 종류가 다른 기계를 사용하는 특허와 발명에 기여했으며, 직물 날염 기법의 개발에 어떻게 작자가 기여했고 마지막 개발 품목이 무엇인지를 비교하는 것은 흥미있는 일이다.

뒷면에 고무를 바른 직물은 한 번에 한 번 반복할 길이 만큼 자동적으로 반복한다. 라인에서 작동하는 정지된 스크린의 베터리는 작동 위치로 떨어진다. 고무 룰러는 들어 올려지는 스크린의 그물망을 통해서 프린트페이스트에 압력을 가한다. 천이 한 번 반복 간격으로 움직이면 과정은 다시 시작된다.

영국에서 스위스 버서(Swiss Buser) 머신과 오스트리안 요하네스 짐머(Austrian Johannes Jimmer)가 가장 널리 사용된다. 짐머는 새롭고 혁신적인 마그네트 롤(Magnetroll) 시스템을 사용하고 있지만 버서는 스크린을 통한 염색에 압력을 넣는 수단으로서 재래적인 고무 롤러를 사용하는 완벽한 정밀 기계이다.

핸드 스크린 날염

두 개의 리비티 타나 론즈 : 20세기에 로울러 프린
팅으로 새겨진 보기들

스타 트랜스퍼 과정에 의해 날염된 직물의 보기.

심플 솔라 : 쉴리 크레이븐에 의한 핸드 스크린 날염
1967.

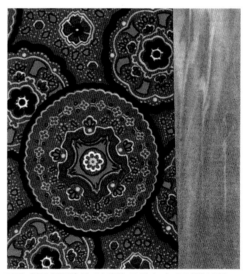

다색 염색(중간)의 보기와 트랜스퍼 프린팅 1972.

포트레이 스크린 날염(Potray Screen Printing)

직물 산업으로서의 스크린 날염의 최근의 업적은 로터리 원리의 채택이다. 로터리 스크린 날염 머신이 상업적으로 사용된 것은 1954년까지 거슬러 올라 가지만, 실제로 영국에서 그것이 인기를 얻은 것과 불과 8, 9년 전이다. 최근의 가장 인기 있는 모델 중의 하나는 종이와 침대 커버의 날염을 위한 페터 침머/쿠프슈타인에 의해 만들어진 다기능 기계다.

로터리 스크린 날염이 몇 년 동안 지금까지보다 시장 점유율을 훨씬 크게 차지할 것은 의심할 여지가 없다. 이런 증가량은 새겨 넣는 로울러 프린터로부터 뿐만 아니라 플랫 스크린 쪽에서도 양도된 것이다. 로터리 스크린 제조 기법의 끊임 없는 세련과 날염 머신 자체의 새로운 개발은 전에는 불가능했거나 손작업 이외에는 대소 어려웠던 분야의 새로운 곳에도 새로운 증가를 가능하게 했다. 예를 들면, 대량 카펫과 완벽한 침대 커버를 이제는 스크린 날염으로 할 수 있고, 로터리 스크린이 그라비아 전이 프린팅에도 사용된다. 심지어 이것으로부터 매우 다양한 개발의 가능성과 극도로 유연한 프린팅 방법을 볼 수 있다. 사실은 매우 단순한 과정으로부터 스크린 프린팅과 제조 등이 시작되었지만, 이제는 아주 교묘한 기술이 되고 있다. 로터리 분야의 선구자의 한 사람인 페터 짐머는 플랫 스크린과 로울러 프린팅의 모든 장점을 구체화하는 방법이 있으리라 확신하고, 불리한 것은 하나도 없으며, 심지어 발명가의 자연적인 노력을 허용하는 것이 자명하다고 한다. 그러나 이것이 새겨 넣는 로울러 프린터가 미래의 많은 작업에 쓰이지 않는다는 것을 의미하지는 않는다.

최근의 로터리 머신은 보다 짧은 세트 업 시간에 대한 현대적 욕구를 특별히 충족시키기 위해서 만들어졌으며, 짧거나 긴 반복 주문과 긴 운전에 대해서, 합리적으로 값이 싸고 효율적일 뿐만 아니라, 컬러웨이 (같은 디자인의 각각 같은 컬러링)나 2000야드의 짧은 프린트 주문에 매우 경제적으로 되어 있다. 비교적 짧은 야더지의 이런 경제적인 프린팅 때문에 스크린 날염에 연관된 디자인 해석의 자유와 다

재 다능함과 결합되고, 보다 모험적인 질에서 산업의 대량 시장적 측면으로 옮기려는 방법으로 나아갈 수 있다. 만일 전환기가 매우 큰 야더지를 날염하지 않고 이익을 보여 줄 수 있다면, 이것들이 곧 나오려 할 때 보다 큰 주문을 반복할 수 있는 것이 경제적임을 동시에 알고 있는 반면, 확실히 안전하다는 디자인의 기회에 특별한 자극을 그들에게 줄 수 있다. 여려 경우에 시장은 보다 빠른 패션 변화를 추구하는 경향이 있다. 그러므로 자동적으로 디자인 당 야더지가 덜한 것으로 흐른다. 최후의 전쟁 생산품 전에 럼프 (약 120야드)로 불리던 것이 지금은 단지 야드만을 가리켜, 5,000럼프 대신에 5,000야드가 좋은 주문이 된다.

특히 영국에서 기계류의 도입 이후 디자인의 미비한 자질의 하나는 직물 산업의 기계화 측면과 수동화 측면의 디자인 기준 사이의 표면상의 커다란 차이이다. 로울러 프린팅 방법이 좋은 날염을 방해하지는 않을지라도 (사실은 오리혀 그 반대다.)세밀한 세부 사항의 정확한 날염이 다수의 19세기 보기나 혹은 리버티 타나 론 파일레이 (Liberty Tanna Lawn Paisleys)와 오늘날의 다른 정교한 디자인 로울러 날염에 의해 너무나 잘 증명된 과정의 자질이다. 그런데도 불구하고 대량 생산 산업의 어떤 분야에서의 추증은 거의 항상 그것을 입는 어떤 것을 가질 수 있었던 싼 가격의 천이다. 결과적으로 사람들은 그들이 누더기 이불이나 견본 작품을 만들때 본유적으로 가졌어야할 컬러와 무늬의 감각과 자연적인 맛을 거의 잃어 버렸다.

블록 날염은 독점적 시장을 위한 정교한 울이나 값비싼 실크의 날염을 제외하곤 지난 세기 말에 본질적으로 사라졌다. 보다 빠른 페로타인 (Perrotine)은 영국에서 유행하지 않았다. 핸드 스크린 작품은, 차츰차츰 시장에 디자인이 스며드는 무렵, 곧 1940년대와 1950년대에 양재 직물과 전위적 복식품을 공급했다. 그것이 조그마한 실험적 범위이어야 했음은 물론 확실하고 또 매우 바람직한 것이었다. (왜냐하면 산업가들은 이들 낮은 이익을 내는 물건에 의

한 위신의 가치와 심지어 이익을 볼 수 없는 직물에 대해 비평할 수 있었기 때문에 큰 시장은 그들이 공급하는 컬러 예언과 아이디어를 매우 필요로 했다.) 보다 싼 상품이 최고급 다음 가는 것은 불행이며, 교육을 넓힘으로써 로터리 스크린 머신에 의해 도움받았다. 이 두 측면은 서로 밀접히 연결될 수 있다. 이러한 서로의 전이는 비록 대부분의 그들 작품이 현재는 거의 완벽하게 불필요한 핸드 스크린 무역으로부터 나왔을지라도, 플랫 스크린 날염 머신에 의해 출발되었던 것이다.

영국에 관한 한, 2차대전 후의 기간은 랭카셔스 코튼 무역의 교묘한 것이었는데, 왜냐하면 브리태인 캔 메이크 이트(Britain Can Make it)와 브리태인 전람회의 페스티발로부터, 또 힐즈나 에딘버러 위브즈가 영국을 디자인으로 명성있게끔 그것들로부터 나온 것과 같은 핸드 스크린 직물의 집합으로, 영국 디자인계가 비록 이익의 거대한 재생이 있었을지라도, 대형 시장의 운명은 그리좋지 못했다. 많은 날염 직물이 폐쇄되어야 했고, 나머지는 홍콩으로부터 유입되는 잘 날염된 값싼 상품에 살아 남기위해 급진적으로 재구조화해야 했으며, 수백만 대의 로울러 날염 기계를 차지하기 위한 욕구로 더더욱 쓸모없게 되어버렸다.

1950년대 초에 영국에는 약 천만 대의 로울러 머신이 있었다고 생각된다. 그러나 지금은 약 70 대 정도가 작동 중이다. 너무 많은 대량 생산 기계류가 시장을 축소시키는 데 유용했던 불행한 상황은 영국에 로터리 스크린 대신에 이익의 부족과 새 기계류가 생각될 때, 플랫 스크린 형태에로의 관심 집중이 아마도 그 이유였으리라. 그것들이 지금 다기능이라는 것이 증명된다고 할지라도, 그것이 경제적인 보다 짧은 문명에 대한 활약을 할지라도 1950년대 회사들은 꽤 대규모적인 생산에 조정되는듯이 보이는 어떤 이노베이션에 대한 싸움이었다.

어쨋든 1950년대에, 플랫 스크린에서 로울러 스크린 기법의 개발이 진행 중에 있을 때 (페터 짐머/쿠프슈타인은 1955년에 원시 로터리 머신을 가지고 있다.) 그리고 꽤 명백히 부드럽게 작동할 때, 플랫 스크린쪽이 만들어진 머신의 10개의 다른 품목이 1954~64년 동안 갑작스레 중요시되었다는 것은 놀라운 일이다. 그러나 1964년의 하노버 트레이드 페어(Han over Trade Fair)까지 알차바(Aljaba)는 상업적 사용으로, 단지 로터지 시스템이었다. 이것은 특히 자동 플랫 스크린 기법이 단계적으로 후퇴될 때 날염의 계속성 (로울러 프린팅의 중요한 자질)을 잃었기 때문에 이상스럽다.

급히 개발시키는 자동 플랫 스크린 머신의 가능성에 대한 한 가지 이유는 핸드 스크린 프린팅에 의해 완전히 공적을 얻은 것은 단순히 기계화되는 것의 하나다. 플랫 스크린메이킹 기법은 이미 완벽히 했고, 철저히 이해된다. 진실로 필요한 새로운 발명은 없다. 반면에 성장하는 로터리 방법은 몇 문제에 대한 새 접근이 필요하다.

스페셜 피처(Special Features)

상세하게 기계의 어떤 부분을 다루려면 두 개나 셋 정도의 다른 회사의 아이디어를 비교하고, 방법을 보는 것이 재미있다. 같은 기본적인 원리가 관련되었다 하더라도 약간씩 다른 해결 방법이 발견된다.

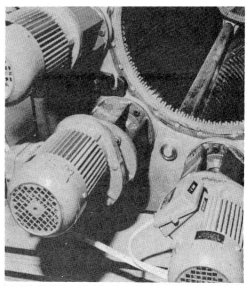

프린팅 블랭킷 크리닝을 위한 효과적인 브러쉬 형태의 청소 장치

로타리 스크린 날염 기계에 의한 날염

오도 스크린 날염기에 의한 날염

레삐아 직기에 의한 문직

제6장 방염법

1. 홀치기 기법

홀치기 기법은 현재 행해지고 있는 것만도 50종류를 넘는다. 그 기술이나 표현할 모양의 상태 등에 따라 각각 기법명이 붙어 있지만 모두가 방염을 위한 기법이기도 하다.

홀치기 기법에서는 거의가 실을 이용하지만 기법에 따라 괘사(견의 생사를 꼰 것), 면사, 마사를 구분하여 사용하며 동시에 그 실의 굵기도 다르다. 각각 묶는 방법과 죄는 방법의 강약에 따라 이들 중에서 가장 적당한 실을 선택한다.

홈질해서 조이는 홀치기 응용 기법의 대표적인 것 중의 하나로, 수목의 나무결 모양을 표현한 것인데 나무결 홀치기라는 명칭으로 불리우고 있다. 사용할 천, 바늘, 실은 모두 홈질해서 조이는 홀치기의 경우와 같지만 천 전체(모양이 있는 부분)를 전부 홈질하게 되므로 바늘과 실 준비가 조금 다르다.

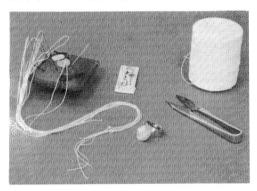

①바늘은 적어도 20~30개 정도를 준비하고 여기에 실을 2겹으로 해서 천의 폭(또는 밑그림 선의 길이)＋10㎝ 길이를 만들어 끝에 매듭을 만들어 놓고 땀을 뜬다.

바늘땀 간격을 일정하고 규칙적으로

바늘땀의 간격을 일정하게 교대로 홈질

바늘땀의 간격을 불규칙하게

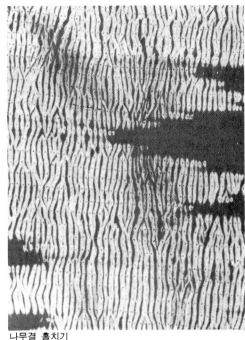

나무결 홀치기

②나무결 홀치기의 경우 밑그림은 천을 전부 홈질하므로 실을 꿰매 넣는 선과 선의 간격은 5~7㎜ 정도로 통일하고 청화로 선을 그려 넣는다. 이 선과 선의 간격에 넓은 곳과 좁은 곳이 생기면 에쁜 나무결 홀치기를 할 수 없다. 선과 선의 사이에 염액 침투가 다르고 모양에 극단적인 농염이 흩어진다.

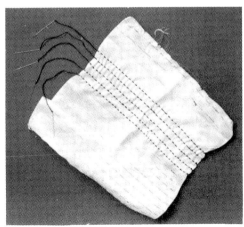

바늘땀을 일정하게 홈질.

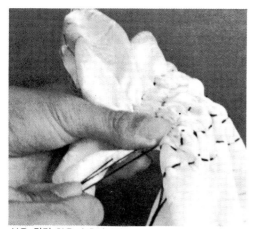

실을 당겨 천을 수축시킨다

③1줄의 선 위를 홈질에서 바늘이 움직이는 요령으로 실을 꿰매지만 바늘땀의 간격은 2~3㎜ 정도로 정성스레 꿰매고 밑그림선 끝까지 꿰맸으면 실은 바늘에 달린 채로 그대로 두고, 2줄째 바늘을 이용해서 다음 선을 꿰맨다.

④다음 선을 꿰매는 것은 새 바늘을 사용해서 순차 ③의 요령으로 대충 20~25줄의 선을 꿰맨다.

⑤20~25줄의 실을 전부 꿰매면 처음에 꿰맨 선 부분의 실부터 바늘에 꿴 쪽을 차례로 10줄 정도 왼손에 쥐고 오른손으로 천을 세게 매듭 쪽으로 당긴다. 1줄식 실을 매듭짓고 매듭에서 약 1㎝를 남겨 실을 잘라낸다. 잘라낸 바늘에 달린 실은 계속해서 이용한다.

⑥그 뒤는 또 10줄 정도 밑그림선에 실을 꿰매고 10줄 정도 먼저 묶은 선을 당기며 이 작업을 반복한다. 꿰맨 선의 실을 한번에 전부 잡아 당기지 않는 것은 아직 꿰매지 않은 선 직전까지 잡아 당기면 다음 선을 꿰맬 수 없기 때문이다. 또 실을 당기는 방법, 매듭 방법은 홈질해서 조이는 홀치기의 경우와 같다.

⑦밑그림의 선을 전부 잡아 당기고 매듭을 지었으면 천의 표면, 안면을 손끝으로 당겨 천의 수축을 정리한다. 이것으로 홀치기는 완성되지만 작품의 사용 목적에 따라서는 염색용 풀을 바르고 건조시킨 후 염색된 부분(잡아 당겨서 천의 산 부분이 되어 표면에 나와 있는 부분)의 풀을 없애고 염색한다. 이렇게 하

면 천 사이의 부분은 방염이 강해져서 완성 작품이 아름다와진다.

⑧나무결 홀치기는 이렇게 해서 면을 나무결 모양으로 표현한 것이므로 큰 것은 의복의 바탕이 되고 작은 것은 넥타이, 쇼올 등의 무늬의 일부로 사용된다.

⑨나무결 홀치기에 있어서 실을 꿰매기 시작할 곳과 실을 당기고 매듭진 곳이 좀처럼 일직선이 되지 않고 또 깨끗하지 않은 경우가 많으며 작품에 따라서는 이 부분이 깨끗해지지 않으면 곤란할 경우가 있어 이런 경우에는 미리 폭 2~3㎝로 천 길이에 상당하는 천(재질은 홀치기 할 천과 같은 것이 아니라도 좋다) 2장을 준비해서 천 중심 부분이 홈질로 꿰매기 시작한 곳과 끝의 매듭을 할 곳에 오도록 홀치기할 천에 바늘을 꽂아 놓고 꿰매기 시작한다.

이렇게 하면 처음의 매듭과 홈질이 끝난 매듭이 천위에 일렬로 늘어서게 되므로 깨끗하게 마무리된다. 작은 부분을 홀치기로 하는 경우라도 손질에 시간은 걸리지만, 이 방법을 이용하는 편이 마무리가 깨끗

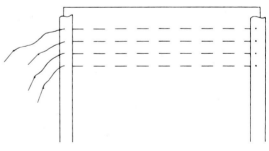

천의 양귀에 천을 댄다.

로, 천을 통과한 실자국이 하얀 점선이 되어 표현된다. 접어서 꿰매는 홀치기는 홀치기염 모양의 표현에 있어서 감아 꿰매는 홀치기염 일복염과 함께 선 묘사 표현의 중요한 기법 중의 하나이다. 이 기법은 홀치기 방법에서 "산봉제 홀치기"라고 불리우는 경우도 있다.

①접어서 꿰매는 홀치기의 경우도 바늘과 실의 준비는 홈질해서 조이는 홀치기와 같고 꿰맨 선의 수와 배치(밑그림의 선과 선의 간격)에 따라 10~20줄을 준비한다. 실은 밑그림선의 길이에 10~15㎝ 더한 정도의 길이로 한다

두겹으로 접은 산에 가까운 부분

화살표 방향으로 꿰맨다.

로 옆으로 접는 듯이 해서 홈질해 간다. 바늘땀의 간격은 보통의 경우 2~3㎜ 정도로 한다. 실은 되도록 두 겹으로 접은 천의 산 정점에 가까운 곳에서 꿰맨다. 이것은 완성도로 알 수 있듯이 천의 산에서 먼 곳에 꿰매면, 실이 통과한 하얀 점과 점의 맨 가운데의 염액이 염착될 부분이 커지고 선이 둘로 나눠지기 때문이다.

④곡선을 표현하는 경우에는, 직선의 경우와는 달리 선이 휘어진 부분에서는 천을 두 겹으로 접은 산 부분의 정점에 항상 밑그림선이 있도록, 천의 안과 겉의 한쪽을 조금 비키어 놓으면서 바느질을 해야 한다. 또 곡선 부분을 꿰맬 때에는 자칫하면 바느질이 천의 산 부분에서 깊어지므로 주의하면서 정성스럽게 하는 것이 중요하다.

⑤밑그림선이 한 곳으로 집중되어 있는 그림과 같은 형태의 경우에는 윗그림에 나타낸 것처럼 선이 집중되어 있는 곳에서 바깥쪽으로 향해 실을 꿰맨다. 반대로 바깥쪽에서 안으로 향해 바느질하면 매듭 장소가 집중되고 충분히 잡아당길 수 없기 때문이다.

⑥선의 수가 많은 경우에는 실을 20줄 정도 꿰맨 후 바느질의 난이도를 고려하면서 10줄 정도를 잡아당겨 매듭짓고 실을 1㎝ 정도 남기고 자른다.

일정한 바늘땀으로 두겹으로 접은 천의 산에 가까운 부분

②밑그림은 청화로 가는 선을 그린다. 선은 반드시 직선에 한하지 않고 곡선 혹은 원형, 방형 등으로 선을 표현하려는 부분을 자유로이 그린다.

③밑그림선이 접었을 때 산의 정점이 되도록, 천을 두 겹으로 접어 두 장이 된 상태로의 천을 우에서 좌

감아서 꿰매는 홀치기

감아서 꿰매는 홀치기도 꿰매 당겨서 선 묘사 표현을 하는 기법이지만, 접어 꿰매는 홀치기와 같이 실이 통과한 자국이 하얀 점이 되어 표현되는 것이 아니라, 천을 두 겹으로 접은 산의 정점을 실이 통과하는 것이므로, 짧은 선상의 실자국이 우측 하단 45도 각도의 일렬로 줄지어 표현되며 독특한 맛을 갖는다.

①미리 준비할 것은 접어 꿰매는 홀치기의 경우와 같다.
②감아 꿰매는 홀치기의 밑그림도 청화로 선을 그린다. 다른 선 묘사 기법과 병용하는 경우에는 구별할 수 있는 그리기법으로 하는 것이 좋다.
③밑그림선이 산의 정점이 되도록 천을 두 겹으로 접는 것은 접어 꿰매는 홀치기의 경우와 같지만 바느질은 홈질이 아니라 천의 산을 감는 듯이 해서 3~4땀 정도 꿰매고 나서 잡아 뺀다. 천이 두 겹으로 접힌 산을 감는 것은 옷감에서 옷단을 감치는 것과 같

지만 한땀마다 바늘을 빼지 않는 것이 다르다. 바늘땀의 간격은 보통 3~5mm 정도로 한다.

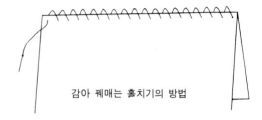

감아 꿰매는 홀치기의 방법

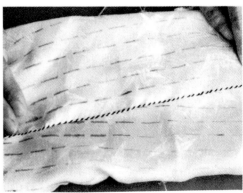

감아 꿰매는 홀치기.

④실이 천을 두 겹으로 접은 산을 감게 되므로 밑그림선의 말단까지 꿰맨 후 홈질해서 조이는 홀치기와 같이 한번에 잡아 당겨도 충분히 수축되지 않는다. 따라서 바느질에 지장이 없는 정도로 꿰맨 부분은 처음의 매듭 쪽으로 천을 수축시켜 놓고 1줄 선을 꿰맨 시점에서 천을 세게 끝으로 조여서 매듭을 짓는다.
⑤감아서 꿰매는 홀치기에서도 실을 꿰맨 곳은 천을 두 겹으로 접은 산에 되도록 가까운 곳으로 한다. 산에 가까운 곳을 꿰매면 짧은 선이 되지만 산에서 먼 곳을 꿰매면 실이 통과한 자국이 길어지고 충분히 조여지지 않으면 염액이 침투해서 선이 나타나지 않는 경우도 생긴다.

뿌리감기 홀치기

이것은 우산접기 홀치기를 응용한 기법으로 천을 감아 올리는 방법을 변화시킴에 따라 방염 부분, 염색 부분의 표현을 변화시키는 것이다.

뿌리감기 홀치기 경우의 재료는 바늘과 목면실을 이용한다.

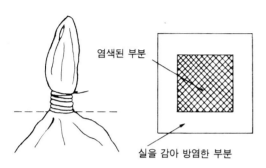

뿌리감기 홀치기

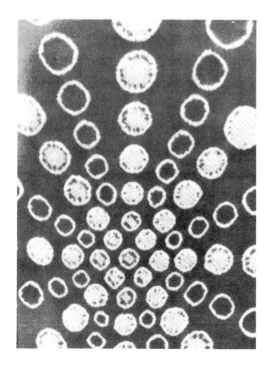

①뿌리감기 홀치기를 하는 경우의 밑그림의 윤곽선으로 실삼기, 조이기 작업의 내용은 우산접기 홀치기의 그것과 같다.

②밑그림의 윤곽선을 굵은 하얀 선으로 표현할 수 있다. 이 경우에는 뿌리 조이기를 한 형태의 뿌리 부분에만 실을 5~6회 감아 조여 매듭을 짓는다. 이 때 감아 조인 실과 실 사이에 간격이 생기지 않도록 빽빽이 감아 조여 둘 필요가 있다. 이 방법에 의해 윤곽선은 3~4mm 정도의 굵기로 표현된다. 매듭이 된 실은 약 1cm를 남기고 자른다

③원형 모양에 있어서 두 겹 원을 만들어 낼 경우에는 우산접기 홀치기의 요령으로 밑그림의 윤곽선에 실을 넣은 후, 원형과 안쪽에 그려져 있는 두 겹째의 원형 밑그림선에도 같은 방법으로 실을 넣고, 윤곽 크기에 따라 적당한 길이의 실을 남기고 자른다. 이어서 뿌리 부분(한 겹째)의 뿌리 모으기와 실을 감아 조이는 뿌리 감기를 하고 두 겹째의 뿌리 모으기를 할 부분까지 실을 감아 올려 매듭짓는다. 계속해서 중앙 부분에 생긴 두겹째에 실을 넣고 조여서 뿌리 모으기와 조이기를 뿌리 부분(한 겹째)과 같게 하며 상부로 실을 감아 올리고 매듭을 짓는다. 이 방법으로 뿌리 감기 홀치기를 하는 경우 감아 올린 실을 각각 뿌리 부분에만 5~6회 감고 조이면 방염에 의해 생긴 두 겹의 하얀 테두리를 표현할 수 있다.

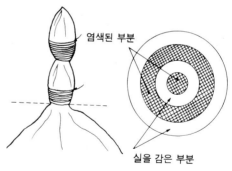

두겹원의 밑그림과 뿌리모으기

모자 홀치기

　모자 홀치기라는 기법은 본래 여러 색으로 홀치기 염을 하기 위한 방염 기법이며 모자 홀치기 자체가 모양을 표현하는 것이 아니고 일반적으로는 통 홀치지 기법과 병용해서 쓰는 기법이다.

　모자 홀치기의 기법에 의해 모양의 일부분을 표현하는 작은 모자 홀치기, 중간 모자 홀치기 기법에 관해서 설명하기로 한다.

　모자 홀치기는 묶은 형태가 모자를 쓴 형태와 비슷한 것에서 생겨난 것이다.

　모자 홀치기는 모양이 일정한 부분을 완전히 방염해서 하나에는 완전한 흰색으로 모양을 표현하고 또 하나는 방염된 부분에 색 넣기 혹은 다른 색으로 바탕을 염색해서 모양을 표현하게 된다.

　모자 홀치기를 이용해서 홀치기염 모양의 표현은 상당히 다채롭다.

　모자 홀치기 (작은 모자, 중간 모자 홀치기)를 하는 경우의 재료는 목면실, 모조지, 비닐, 종이심, 나무심, 마사 등이다.

작은 모자 홀치기

　가장 작은 면적을 방염하는 기법으로 보통은 종이심, 나무심 등의 심은 이용하지 않는다. 모자 홀치기는 밑그림에 정해진 모양의 윤곽을 정확히 표현해야 하므로 당연히 모양의 윤곽 표현을 위한 실을 넣을 필요가 있다.

모자 홀치기 대

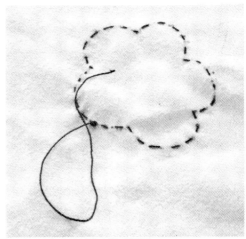

① 밑그림의 윤곽선에 실을 꿰맨다.

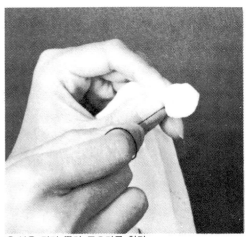

② 실을 당겨 뿌리 모으기를 한다.

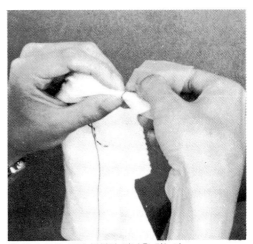

③ 뿌리 모은 방염 부분에 비닐을 감는다.

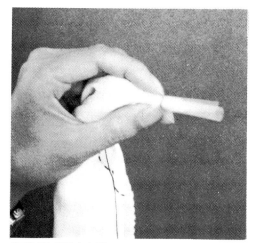

④ 비닐을 감아 놓는다.

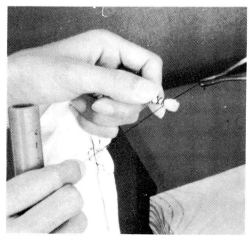

⑦ 교차되게 비닐 끝으로 감아 올라 간다.

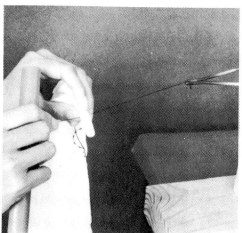

⑤ 홀치기대에서 당긴 실에 비닐을 덮은 뿌리 부분을 얹는
다.

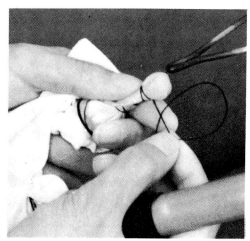

⑧ 비닐끝을 구부려 접고 실로 묶는다.

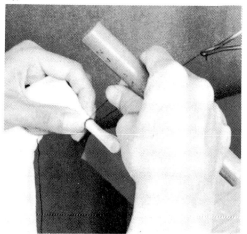

⑥ 실 감은 폭을 움직여 감아 조인다.

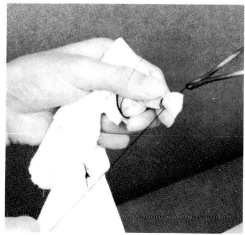

⑨ 매듭을 조인다.

중간 모자, 큰 모자 홀치기

중간 모자 홀치기와 큰 모자 홀치기는 작은 모자 홀치기와 같이 작은 부분의 방염이 아니고 비교적 큰 부분의 방염에 이용하는 기법이다. 방염할 부분이 직경 3㎝ 정도 이상의 것부터 이 기법을 사용하며 모든 심을 이용한다.

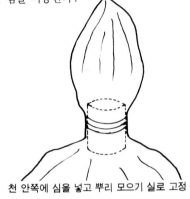

천 안쪽에 심을 넣고 뿌리 모으기 실로 고정

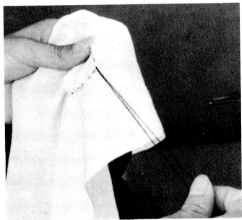

① 윤곽선에 넣은 실을 2줄 함께 당긴다.

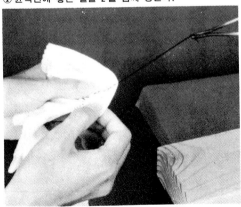

② 2줄 실을 홀치기 대 끝에 끼워 조인다.

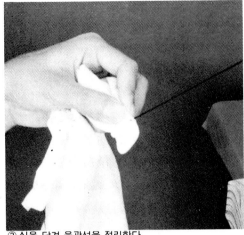

③ 실을 당겨 윤곽선을 정리한다.

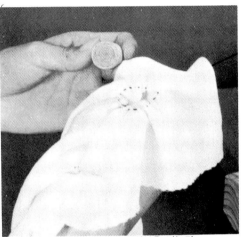

④ 천 안에서 윤곽선 안쪽에 종이심을 넣는다.

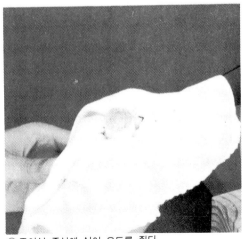

⑤ 종이심 중심에 실이 오도록 쥔다.

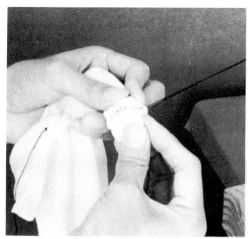

⑥ 천 바깥에서 실을 당긴다.

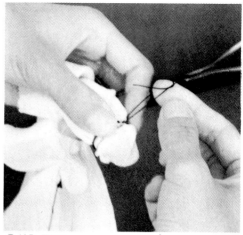

⑨ 실을 묶는다.

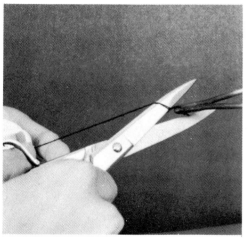

⑦ 홀치기 대에 건 실 중에서 1줄을 자른다.

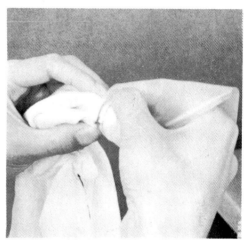

⑩ 심이 들어간 천에 비닐을 감는다.

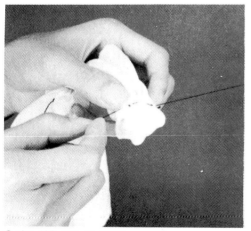

⑧ 자른 실을 당겨 심 위치를 정리한다.

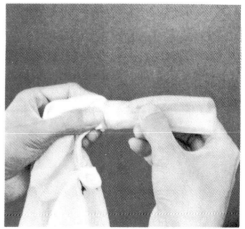

⑪ 비닐 같은 실보다 조금 깊게

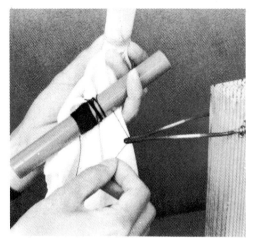

⑫ 마사의 한쪽 끝을 홀치기대에 끼운다.

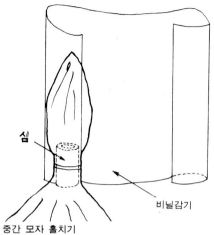

심

비닐감기

중간 모자 홀치기

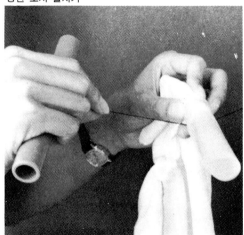

홀치기대에서 당긴 실 위에 비닐 감기 부분을 둔다

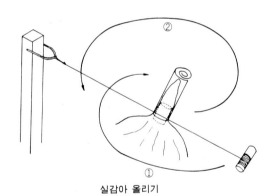

②

①

실감아 올리기

완성

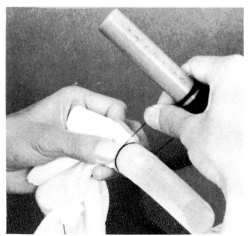

실의 윗부분에 실감기 실을 당기면서 감아 조인다.

136

심의 종류에 따라서도 효과가 다르다. 종이심은 실을 감아 조이면 움푹 파이므로 실을 얇게 건다. 뿌리 조이기 실보다 약간 위로 묶는다. 이렇게 하지 않으면 염색했을 때 아무리 해도 모양이 커진다. 이 것에 비해 나무심을 사용할 때는 뿌리 조이기를 한 실 위나 조금 깊은 듯하게 묶는다.

사용할 마사의 굵기에 관해서는 재료에서 서술한 대로 심의 크기에 따른 굵기 번수를 이용한다.

모자 홀치기는 모양을 완전히 방염하는 기법이므로 염액 안에 잠겼을 때 염액이 침입하지 않도록 단단히 묶여 있지 않으면 안 된다. 따라서 비닐을 감은 후에 마사로 감아 조이는 것은 상당히 강한 힘을 필요로 하지만 여러 번 연습해서 실을 거는 법이 익숙해지도록 하는 것이 중요하다.

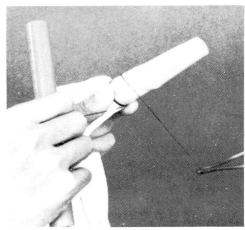

비닐 감기 쪽을 움직여서 감는다.

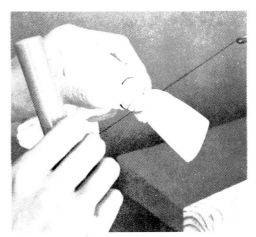

실 감기를 비닐감기 앞으로 돌려 감는다.

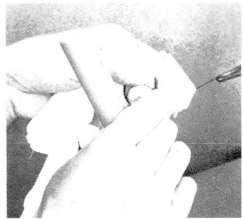

비닐 안의 천 윗부분까지 감기면 비닐 끝을 접어 구부린다.

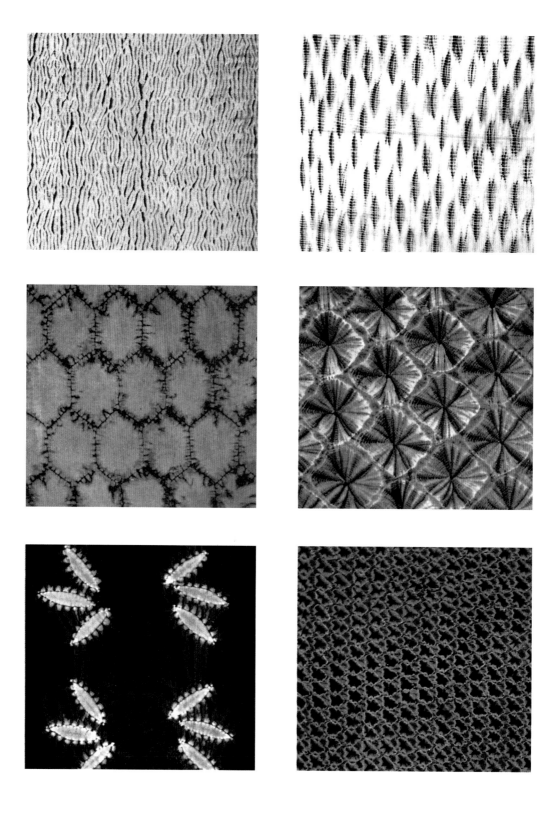

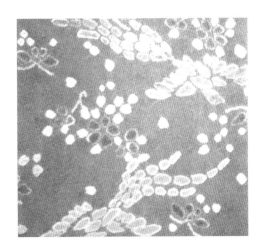

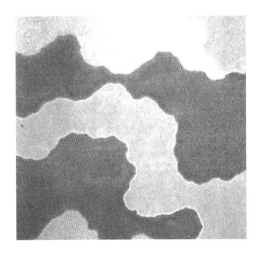

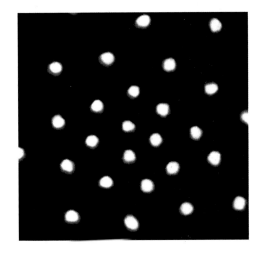

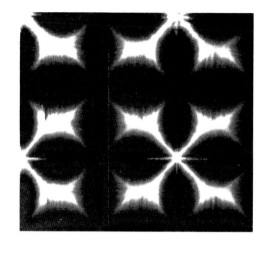 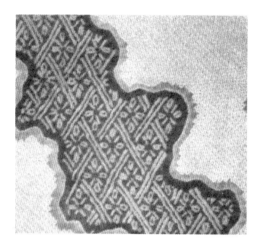

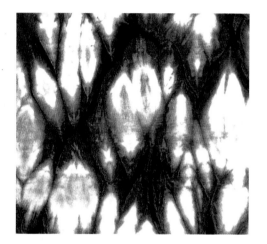 

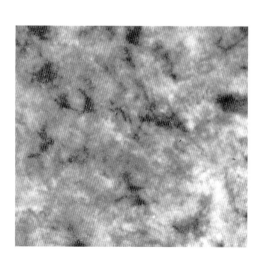 

2. 판자염

이 홀치기 기법도 면모자 홀치기와 같이 실로 감아 조여서 방염 효과를 표현하는 것이 아니고, 판을 천에 대고 천을 접어 갠 효과와 판을 댄 효과를 병용해서 모양을 표현하는 기법이다. 따라서 판자염에서는 천을 접어 개는 것이므로 모양은 기하학적인 것이 되며 판을 이용함에 따라 여러 가지 변화가 있는 기하학적 모양을 만드는 것이다. 그러므로 판자염에서는 밑그림을 박아 넣지는 않는다.

판자염에는 접어 갠 천의 양끝에 판을 대고 하는 기법과 접어 갠 천의 양끝 뿐만 아니라 접어 갠 천의 사이에도 판을 끼워 넣는 기법 두 가지가 있다.

판자염을 할 경우 재료는 판자, 끼울 나무, 끈이 필요하다.

판자는 두께 7mm 정도의 삼나무 판을 소재로 해서 디자인에 맞는 형태로 잘라서 만든다. 판자 수는 양끝에만 이용할 경우는 같은 형태로 2장, 천 사이에도 끼울 경우에는 같은 형태를 필요 숫자만큼 준비해 둔다.

끼울 나무는 삼나무로 만든다. 길이는 판자 크기보다 길게 하고 두께는 2cm 정도, 폭 3cm 정도의 4각을 최저 4개 준비한다.

끈은 마로 만든 로우프로 직경 3mm 정도의 것을 준비한다. 길이는 접은 천 두께에 의해 결정되지만 표준으로는 두께의 5배 이상의 것을 4개 이상 준비하면 좋다.

(1) 양끝에만 판을 이용하는 판자염

①천을 세로로 세 겹으로 혹은 네 겹으로 가늘고 길게 접는다. 다음에 접은 천을 가로로 해서 천의 끝에서 삼각형, 사각형으로 차례로 접어 겹쳐 간다.

②천의 다른 끝까지 접어 겹치면, 천의 양끝을 삼각형으로 접은 경우에는 삼각형과 같은 판자를 대고, 사각형으로 접은 경우는 사각형 판자를 대서 천을 끼운다. 다음에 판자와 판자 사이에 끼운 천이 붕괴되지 않도록 정리하고 양끝의 판자 위에 두 곳씩 끼울 나무를 댄다.

③천의 상하 양쪽에 끼울 나무를 끝에 걸고 3회 정

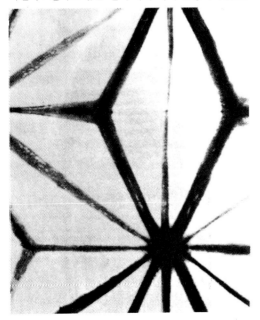

① 천을 네 겹으로 접는다.

② 네 겹으로 접은 것

③ 네 겹으로 접은 천을 삼각형으로 접는다.

④ 삼각형으로 접은 천이 붕괴되지 않도록 실을 건다.

⑤ 접은 천에 판자를 상하로 댄다.

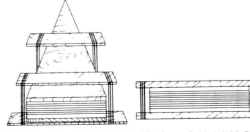

⑥ 판자를 대고 눌러서 나무로 묶는다.　⑦ 옆에서 본 형태

도 끈을 걸어 세게 묶는다. 이 경우 끼운 나무의 양 끝에 상하로 끈을 걸기 때문에 끼울 나무의 한쪽만을 먼저 세게 묶으면 접힌 천이 붕괴되기 쉬우므로 천이 붕괴되지 않도록 양끝 모두 어느 정도 느슨하게 끈을 걸어 놓고 나서 세게 조여 묶도록 한다. 끼울 나무를 두 개씩 사용하는 경우에는 2개 모두 한 번에 끈을 걸어 놓고 천을 붕괴되지 않도록 고정시킨다.

④네 겹으로 접어 사각형 판자를 이용한 경우는 체크무늬, 세 겹으로 접어 삼각형 판자를 이용한 경우

판자염(호리병 형)

⑥기타, 천을 접는 방법에 변화를 주고 연구함에 따라 마의 잎 모양이나 거북이등(甲)의 모양을 염색해 낼 수 있다.

(2) 천 안에도 판자를 이용하는 판자염

①천이 접힌 양끝에만 판자를 이용하는 방법을 착석으로 응용하는 것부터 행하는 기법으로, 기하학적 모양의 표현이 아니라 복잡한 모양의 판자를 이용해서 연속 모양을 표현하는 것이다. 예를 들면 호리병 모양으로 표현하는 방법이다. 따라서 같은 형의 판자가 천의 크기에 따라 상당수가 필요하다.

②이 방법의 경우, 판자 자체가 기하학적인 선 한 변을 갖지 않고 복잡한 윤곽선을 갖고 있으므로 판자를 대지 않은 부분이 염색되며 판자를 댄 부분이 방염되어 모양이 된다. 따라서 작업은 모양을 내는 방법에 따라 접어서 겹칠 필요가 있다.

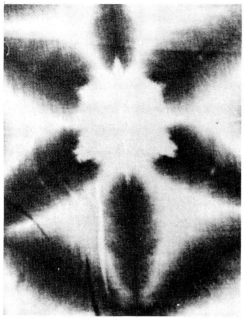

설화 홀치기

에는 마름모 모양이 된다. 판자의 고정된 천은 우선 욕조 안의 물에 담그고 이어서 염색 한 후 끼운 나무를 뗀다. 끼운 나무를 떼고 나서 접힌 천을 새 물 안에 풀어서 충분히 세탁한다. 그 후 탈수, 건조시켜서 마무리한다.

⑤설화 홀치기는 판자염의 대표적인 것이다. 천을 세 겹이나 네 겹으로 접고 삼각형으로 접어 갠 후 거듭 판자를 대고 끼울 나무로 고정될 때까지 같은 작업을 하게 되지만, 염색에 있어서 그대로 욕조 안에 넣고 염색하는 것이 아니라, 삼각형 사각형의 정점 부분의 세 군데나 네 군데만을 염액 안에 담그어서 염색한다. 이것을 풀면 설화 모양이 표현된다.

판자(아래)천을 접고 판자에 묶은 것(위)

142

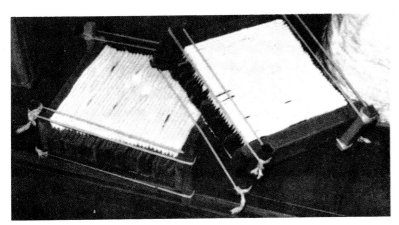

③접어 겹쳐진 천 사이에 판자를 차례로 끼우고 반드시 접은 천 1장 1장 사이에 넣을 필요는 없으며 2~3장마다 끼워도 지장 없다. 이것은 천의 두께에 따라서도 다르다. 천의 양끝에도 판자를 대지만 끼운 판자가 어긋나거나 비뚤어지지 않도록 주의하지 않으면 안된다.

④판자를 끼우고 나면 끼울 나무를 대고 끈으로 세게 묶어 조인다. 이 요령은 양끝에만 판자를 이용하는 경우와 같다. 이와 같이 해서 조여진 천은 판자를 대지 않은 부분이 판자에서 바깥으로 비져 나오게 된다. 염색은 염액안에 담궈서 하고 물세탁을 한 후 건조시켜서 마무리한다.

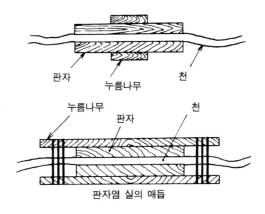

판자염 실의 매듭

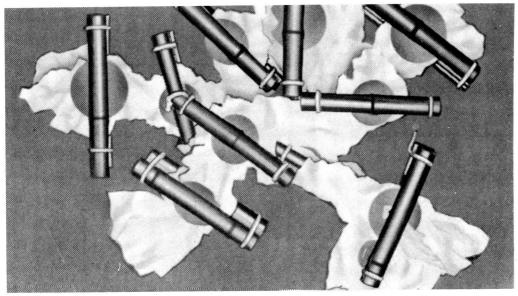

판자염

3. 납염

납염 기법

형염은 풀을 사용해서 방염하고 모양을 표현하지만 납염은 방염 재료로 납을 사용한다. 따라서 초보적으로 생각하면 납염은 납으로 방염해서 모양을 하얗게 나타내는 것이다.

납염에는 풀의 역할과는 달리 납이 갖는 부드러움이 있다. 납염은 붓으로 그리는 것이 행해지고 있다.

행지가 갖는 예리함과 대조적으로 붓으로 그린 작품에는 표현할 수 없는 부드러움이 있고 또 판재로

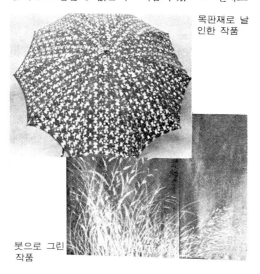

목판재로 날인한 작품

붓으로 그린 작품

날인한 것에는 붓으로 그린 맛과는 또 다른 재미가 있다. 납염에 관한 서적은 많이 나와 있으므로 여기서는 붓으로 그리는 것은 기초를 설명하는 것에 그치겠다.

온도 자동조절장치가 부착된 압용기 셋트

납의 효과

납을 사용하는 목적은 두 가지 경우를 생각할 수 있다. 하나는 납을 사용해서 모양을 그리는 것이다. 이 경우는 선이 생생한 강력함이 있고 납의 하얀 부분에도 강약이 있도록 그리지 않으면 모양은 이지러진다. 납의 온도와 종류, 성질을 잘 이해한 후에 능숙하게 구분해서 사용하지 않으면 훌륭한 작품은 만들 수 없다. 가는 선을 그리는 도구로 챤틴이라고 하는 것이 있다.

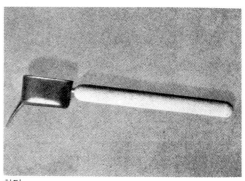

납과 알콜 램프 셋트

챤틴

음각

선그리기

양각

색 넣기

중염

다른 하나는 납을 단순한 방염 재료로서 사용하는 경우이다. 이런 일에는 납이 갖는 특유의 균열을 살리는 것이 문제가 된다. 납의 종류에 따라 또 그리는 납의 두께에 따라 균열의 맛은 대단히 다르다.

균열을 넣는 것에도 여러 가지 방법이 있다. 천을 원통 상태로 감아 위에서 누른다. 책상의 각을 이용해서 납을 접는다. 손으로 쥐듯이 한다. 손끝만을 사용해서 쥐는 것, 그 디자인에 맞는 균열을 택한다.

납 작업은 간단히 누구라도 손질할 수 있는 일이지만 계속하면 할수록 즐거움이 있다. 일을 기억해 감에 따라 이해가 깊어 좀처럼 만족을 얻을 수 없다. 단 초보자의 작품이라도 훌륭한 작품으로 보이는 것도 납염의 이상한 힘이다.

납염의 기초

①음각…모양 부분을 면으로 해서 납 그리기를 하며 한 가지색으로 표현한다.
②선 그리기…모양의 윤곽이나 모양 자체를 선만으로 표현하는 방법이다. 이런 경우 대개 한 가지 색으로 한다.
③양각…바탕 부분을 전부 납으로 메꾸고 모양이 색으로 표현된다. 색은 많은 경우 한 가지 색이지만 2색이나 여러 색이 될 수도 있다. 바탕이 하얀 부분에 균열을 사용하는 것도 이 작업의 경우이다.
④색 넣기…모양의 윤곽을 선으로 그리고 나서 이 안에 바탕색과 다른 색을 넣고 색 부분이 건조된 후 납(색이 들어간 부분을 납으로 방염한다.)을 덮어 마지막으로 바탕색을 염색하는 방법이다. 색 수는 여러 색도 가능하다.
⑤중염…색의 계획을 먼저 세우고 하얗게 바르는 옷은 처음에 납으로 그리고 전체에 한 가지 색으로 인염을 한다. 첫째색을 남긴 부분에만 납을 덮고 전체에 둘째색을 인염한다. 둘째색을 인염한 시점에서의 천의 색은 첫째색＋둘째색으로 변화하는 상태이고 마지막 바탕색은 진한 혼색으로 나타내는 방법이다.
⑥색 내기…모양을 부분적으로 작업할 때 이용하는 방법이다. 예를 들면 엷은 바탕색에 진한 색의 모양을 내는 경우 처음의 바탕색을 염색하고 나서 모양의 바깥쪽을 납으로 덮고 부분부분의 작업을 하는 방법이다.

①~⑥까지 설명한 것이 단독으로 사용되거나 병용되기도 하여 하나의 작품으로 만들어지는 것이다.

선이나 면을 하얗게 하고 싶은 부분의 납 그리기는 2~3회로 거듭한다. 1회째의 납이 식으면 2회째의 납을 겹쳐 바른다.
①신문을 4~5장 겹치고 이 위에 납을 뺄 천을 놓는다. 바탕색이 엷은 경우는 천의 상하에 해당하는 곳만 하얀 종이를 사용한다.
②다리미는 오른손에 쥐고 왼쪽 끝에서부터 미끄러지듯 오른쪽으로 움직인다. 왼손은 신문지를 쥐고 움직이며 한다.
③납을 흡수해서 젖은 종이를 새 종이로 바꾼다.

헤라로 납을 떨어낸다.

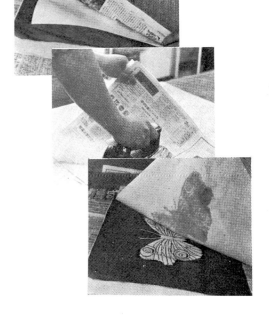

① 필요량이 염료를 재서 그릇에 담는다.

② 뜨거운 물 500 cc를 붓는다.

③ 하이드로 설파이트 콘크를 가루채 그릇에 조금씩 넣어 가만히 젓는다.

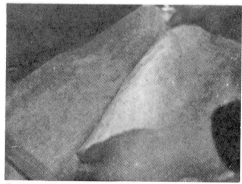

⑤ 천을 물에 담근다.

④ 염액은 환원해서 투명한 막을 만든다.

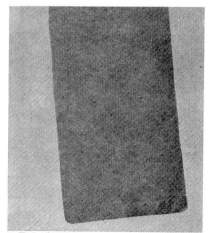

⑥ 줄에 세탁집게로 집어 널어서 나머지 물기를 뺀다

⑦ 고무장갑을 끼고 물에 젖은 천을 염액 안에 담근다.

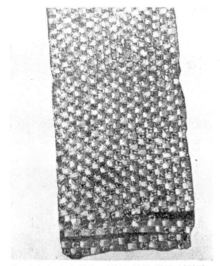

⑧ 시간이 되면 천을 꺼내서 산화 발색 시킨다.

⑨ 소오핑 준비를 한다. 가루비누 3 g / ℓ 를 넣고 휘젓는다.

판을 누르는 힘은 가볍게 천을 덮는듯 하게 하며, 특히 힘을 넣을 필요는 없다. 판을 천에서 떼면 오른손으로 천을 쥐고 종이와 붙지 않도록 한번만 바람을 쏘인다. 이런 리듬으로 천 전체에 해 나간다.

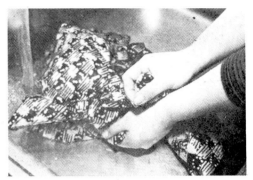

⑩ 산화 발색 후 잘 세탁한다.

⑪ 천을 끝부터 비벼서 납을 떨어 뜨린다.

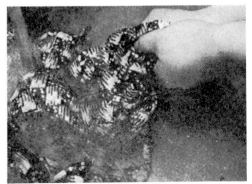

⑫ 잘 세탁해서 납 가루를 깨끗이 떨어낸다.

⑬ 소오핑 할 물이 끓으면 천을 펼쳐서 탱크에 넣는
다.

⑮ 시간이 되면 소오핑할 뜨거운 물 안에 물을 첨가하면
서 잘 비비듯이 하여 짜올린다.

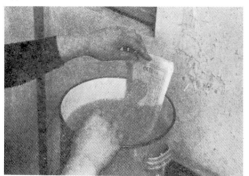

⑭ 수면에 납가루가 떠 있으면 신문지로 떠 있는 납을
흡수시킨다.

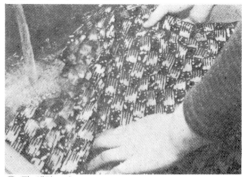

⑯ 잘 세탁한다

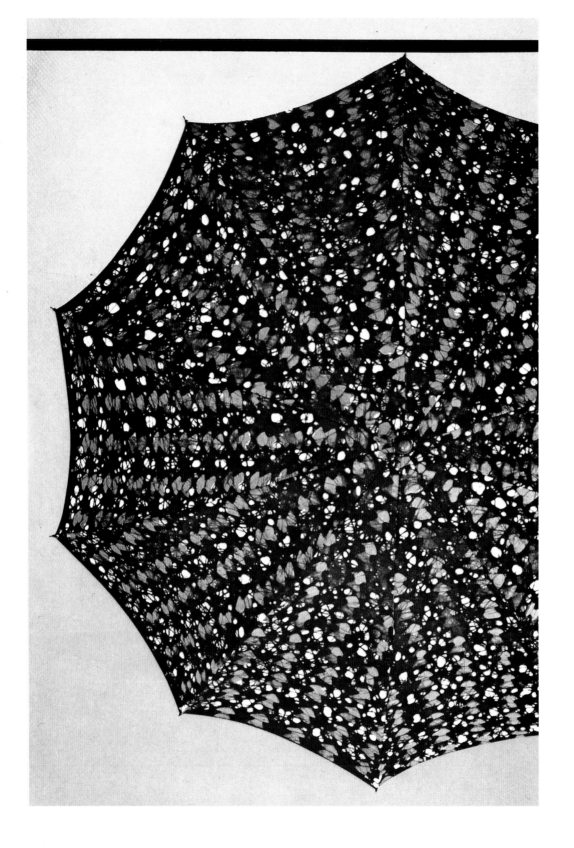

4. 호염

호염

풀을 방염제로 하여 작업을 하는 방법이다. 이 안에서 현지를 사용하는 호염 (형염이라고도 한다)과 통을 사용하는 통 그리기가 있다. 또 풀의 방염하는 힘을 이용하며 풀 안에 염료를 첨가해서 색풀로 일을 하는 날염이 있다. 형지를 사용하는 호염 안에는 신선한 색 배합인 홍형 (紅型)과 세련된 소문 (小紋) 등이 있고 통 그리기에는 우선염 (友禪染)이 있다. 날염은 시판되고 있는 프린트염과 비슷하다.

형지와 형지 조각

형염에 사용하는 종이는 신축성이 적은 것으로, 젖거나 조금 잡아 당겨도 잘리지 않는 튼튼한 것이 필요하다. 그러므로 형지로 사용할 종이는 엷은 종이를 종횡으로 감물로 붙여 좋은 날씨에 말린 후 훈연실에서 약 10 일간 훈연 건조하는 작업을 반복해서 만든다. 이것은 종이의 신축성을 억제하기 위한 것이다. 이렇게 해서 만든 종이를 형지라고 한다.

형지에는 두께가 얇은 것, 중간의 것, 두꺼운 것이 있다. 크기에도 수건판, 보자기판 등 여러 가지가 있어 용도에 따라 사용하기 쉬운 크기가 준비되어 있다.

형지 조각의 기초

형지를 사용해서 조각하기 위해서는 여러 가지 약속이 있다. 동시에 문양을 표현하는 방법에는 기초가 되는 4 종류의 형태 조각, 곧 음각, 양각, 선조각, 홀치기가 있다. 이 4 종류의 조각법을 완전히 익힌 후에 모양에 따라 나누어 사용하고 병용해 가는 것이다. 염색에 있어서 형지 조각의 기초가 되는 것이 이 4 종류이다.

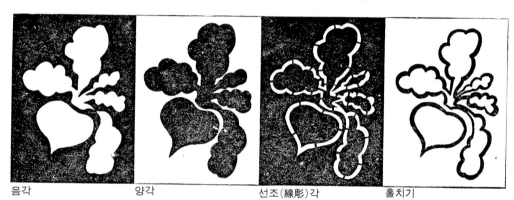

| 음각 | 양각 | 선조(線彫)각 | 홀치기 |

형지의 크기가 결정되면 디자인은 실제 크기로 그린다.

디자인 단계에서 좌우 디자인을 대조해서 디자인을 수정한다.

상·하 연속하는 곳도 수정한다.

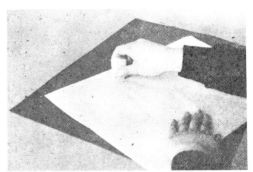

미농지 안에 골고루 세공납을 바른다.

밑그림이 되면 미농지를 위에 대고 옮겨 그린다.

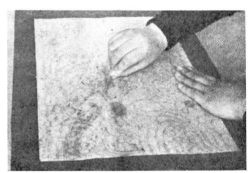

형지 가장자리를 따라 붙인다.

형지에 밑그림을 대고 가장자리 치수대로 형지를 자른다. 상, 좌, 우는 3㎝, 아래는 5㎝

칼은 좌우로 기울이지 않고 지면에 수직이 되도록 40°~50° 정도의 각도로 자신의 몸 쪽으로 기울여서 조각한다.

세세한 곳을 먼저 조각하고 큰 곳은 나중에 한다.

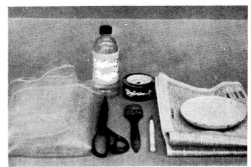

망사 붙이기 도구 신문지, 접시, 칼, 쇄모, 가위, 대접, 신나, 망사.

조각이 끝나면 미농지를 뗀다.

신문을 겹쳐 테두리가 손 앞에 오도록 놓고 가장 위의 한장을 아래로 내린다.

완성된 조각

신문 위에 형지를 놓고 망사를 겹친다.

접시에 래커를 담고 신나로 엷게 한다.

우측 반을 붙이고 나면 자를 치우고 형지를 움직이지 않도록 하면서 반대 손으로 좌측을 붙인다.

중앙 부분을 자로 확실하게 누르고 우측 반부터 망사 붙이기.

형지 전체에 래커를 바르고 나면 형지를 떼고 더러워진 신문을 아래로 내린다.

반을 붙인 것. 형지는 움직이지 않는다.

왼손으로 형지를 움직이면서 엷은 래커를 바른 쇄모를 재빠르게 망사결 위를 문지른다.

형지를 안으로 돌려서 사이를 자른다.

풀빼기와 정련에 필요한 약품 및 기구

천의 무게를 잰다.
노트에 그램수를 기입하면 좋다.

손질을 한 쇄모는 털끝이 손상될 때까지 사용할 수 있다. 한번 딱딱해진 쇄모는 아무리 빨아도 원래대로의 쇄모가 될 수는 없다. 쇄모는 사용할 때마다 신나로 빨아야 한다. 접시도 곧바로 빨아 두면 항상 기분 좋게 작업할 수 있다. 방치해 두면 쇄모도 접시도 까칠까칠해져서 두번도 사용할 수 없다. 완전히 형지가 건조되면 가장자리 밖으로 비져나온 여분의 망사를 잘라낸다. 이것으로 형지가 완성된다.

탱크에 액량을 재서 넣고 불에 끓인다.

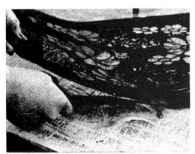

완전히 형지가 건조되면 여분의 망사를 잘라 낸다.

천의 풀빼기와 정련

다음에는 천을 준비한다. 시판되고 있는 천에는 시장에 상품으로 내기 위해 마무리한 풀이 되어 있다. 또 아직 마전하지 않은 (곧 브로드와 같이 하얗게 표백하지 않은 천)경우에는 끝손질을 위한 풀 위에, 실을 기계에 걸었을 때 날실에 풀을 하고 기계의 철분이나 기름, 면사가 갖고 있는 단백질이나 지방 등이 붙어 있다. 이런 불순물이 염색하는 데에 지장이 되고 그대로 염색하면 얼룩진 염색이 되는 원인이 된다. 이런 불순물을 앞서서 제거하는 작업을 반드시 하지 않으면 안 된다. 이 일이 풀빼기와 정련이다. 이것이 천을 염색하는 일에는 그다지 도움이 되지 않는다고 생각할지도 모르지만 매우 중요한 것임을 자각해야 한다.

망사 붙이기가 완성된 형지

천을 물에 담근다.

풀빼기 제는 작은 컵으로 재서 물에 풀고 나서 넣는다.

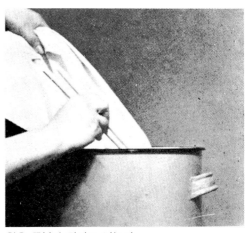

천은 끝부터 차례로 넣는다.

60~70℃의 온도를 보존하고 때때로 섞는다.

앞에서 기술한 대로 천에는 많은 종류가 있지만 여기서는 우선 우리가 가정에서 비교적 간단히 취급할 수 있는 목면, 마와 같은 식물성 섬유와 울, 견과 같은 동물성 섬유의 정련에 관해서 설명하겠다.

한마디로 목면이라고 해도 얇은 것과 두꺼운 것이 있다. 번수가 가는 실로 짠 면로온(1 awn)이나 브로드부터 굵은 실로 짠 돛천까지 두께에 대단한 차이가 있다. 그러므로 그 천에 맞는 정련방법을 취할 필요가 있다.

브로드는 표백되어 있고 풀기도 많이는 포함되지 않았다. 이와 같은 천은 20~30분간 물에 끓인다. 또 뜨거운 물에 천을 담그고 자연스럽게 식는 것을 기다려서 충분한 물세탁을 하는 것만으로도 정련의 목적은 달성된다.

표백된 천이라도 옥양목과 같이 풀기가 많은 것은 풀빼기를 해야 한다. 풀빼기는 풀빼기제를 사용한다. 풀빼기제에는 맥아 디아스타제 계와 세균 디아스타제 계 두 종류가 있다. 천에 부착되어 있는 풀이 어떤 종류인가에 따라 풀빼기제도 맥아 디아스타제 계를 사용하는가 세균 디아스타제 계 쪽이 좋은가가 결정되지만, 그 천에 부착되어 있는 풀의 종류를 가정에서 조사하는 것은 대단히 곤란하다.

제7장 창작 디자인

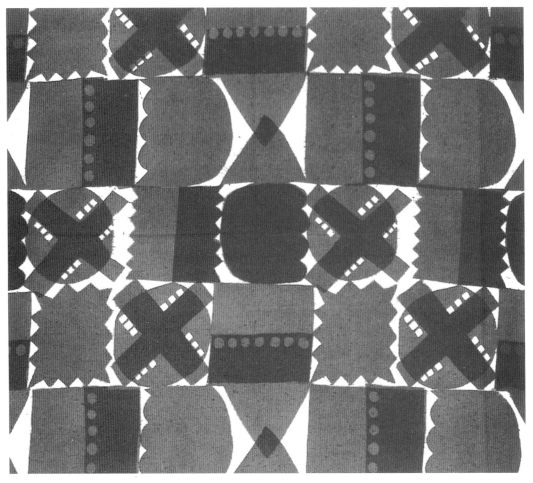

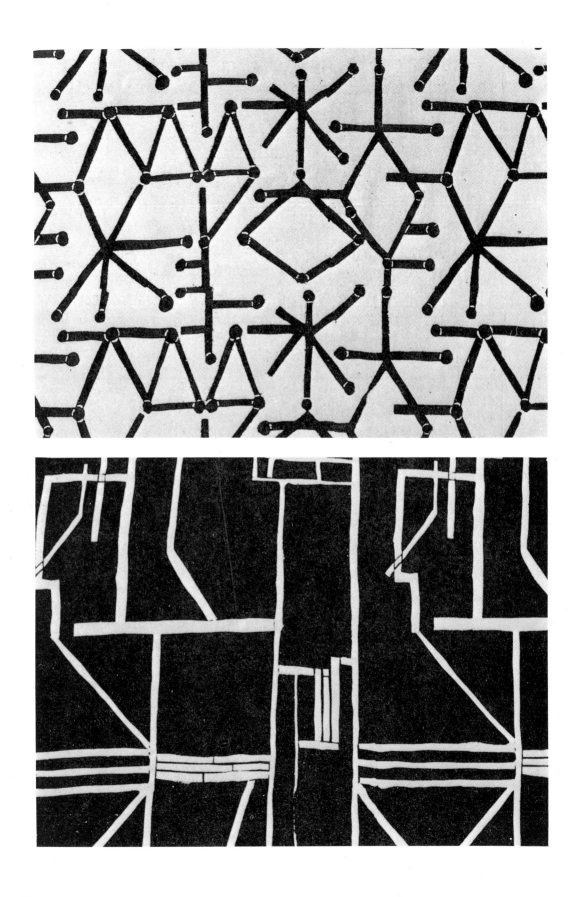

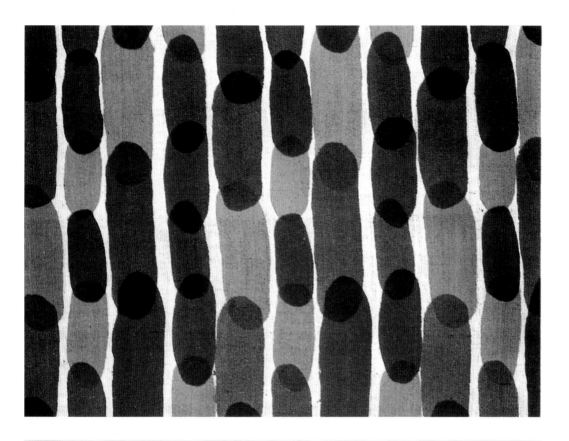

179

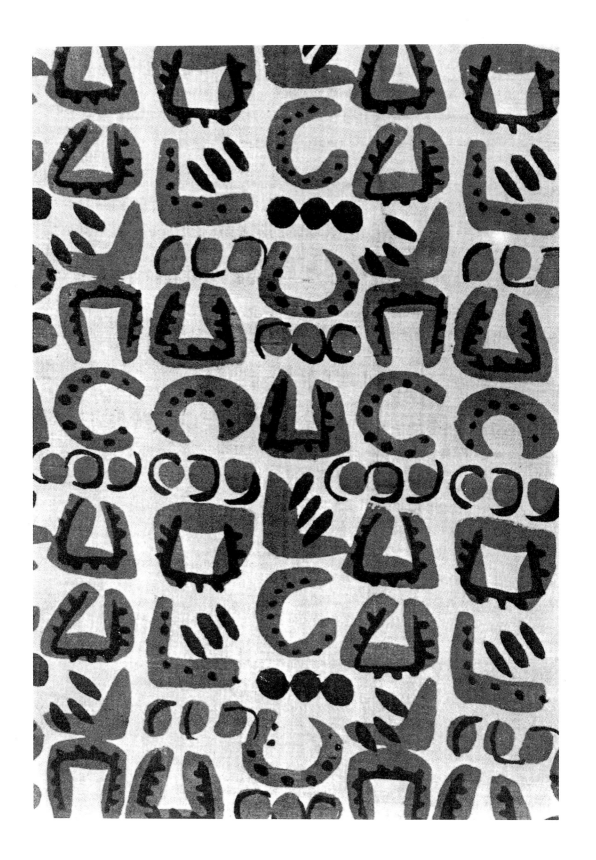

직물염색가공

초판 1쇄 발행/1999년 3월 10일
초판 1쇄 발행/1999년 3월 15일
지은이/ 직물가공연구회
펴낸이 / 김 기 형
펴낸데 / **학 문 사**

등록번호 / 제1-a2418호
주소 / 서울특별시 종로구 사직동 7-2번지 사학회관 6F
우편번호 / 110-054
전화 / (대) (02) 738-5118   FAX 733-8998
　　　(대구) (053) 422-5000~3   FAX 424-7111
　　　(부산) (051) 502-8104   FAX 503-8121
E-mail:hakmun97@soback.kornet21.net

값 14,000원

잘못된 책은 바꾸어 드립니다.
ISBN 89 – 467 – 6139 – 3